惊艳一击

数理史上的绝妙证明

Un beau coup dans l'histoire de la mathématique et de la physique

曹则贤 著

外语教学与研究出版社

北京

献 给

徐立华同学 & 曹逸锋小朋友

Ce que l'on propose, on prouve!

既悟之，当证之！

目录

序
001

01 素数无穷多的证明
008

02 欧拉恒等式
014

03 费马数 F_5 不是素数
020

04 关于无理数的证明
026

05 魏尔斯特拉斯病态函数
034

06 自然数平方和恒等式
042

07 三角形垂线交于一点的证明
050

08 尺规法作17边形
056

09 三角形面积的希罗公式
064

10 不着一字的证明
072

11 复数用于平面几何证明
082

12 四元数非对易性
088

13 五次代数方程无根式解
094

14 平面上圆密排定理的证明
122

15 等周问题
132

16 柏拉图多面体只有五种的证明
140

17 晶体空间群
148

18 准晶作为高维晶体的投影
160

19 泡泡合并构型的证明
170

20 反射定律与折射定律
180

21 惯性
188

22 速降线问题
198

23 万有引力平方反比律的证明
208

24 电子自旋是相对论性质
218

25 存在反粒子的证明
226

26 存在电磁波的证明
232

27 引力弯曲光线的证明
240

28 未完的黎曼猜想证明
250

29 费马大定理的证明
260

30 人性的证明——波利亚教授不是变态
268

跋　关于证明的思考点滴
273

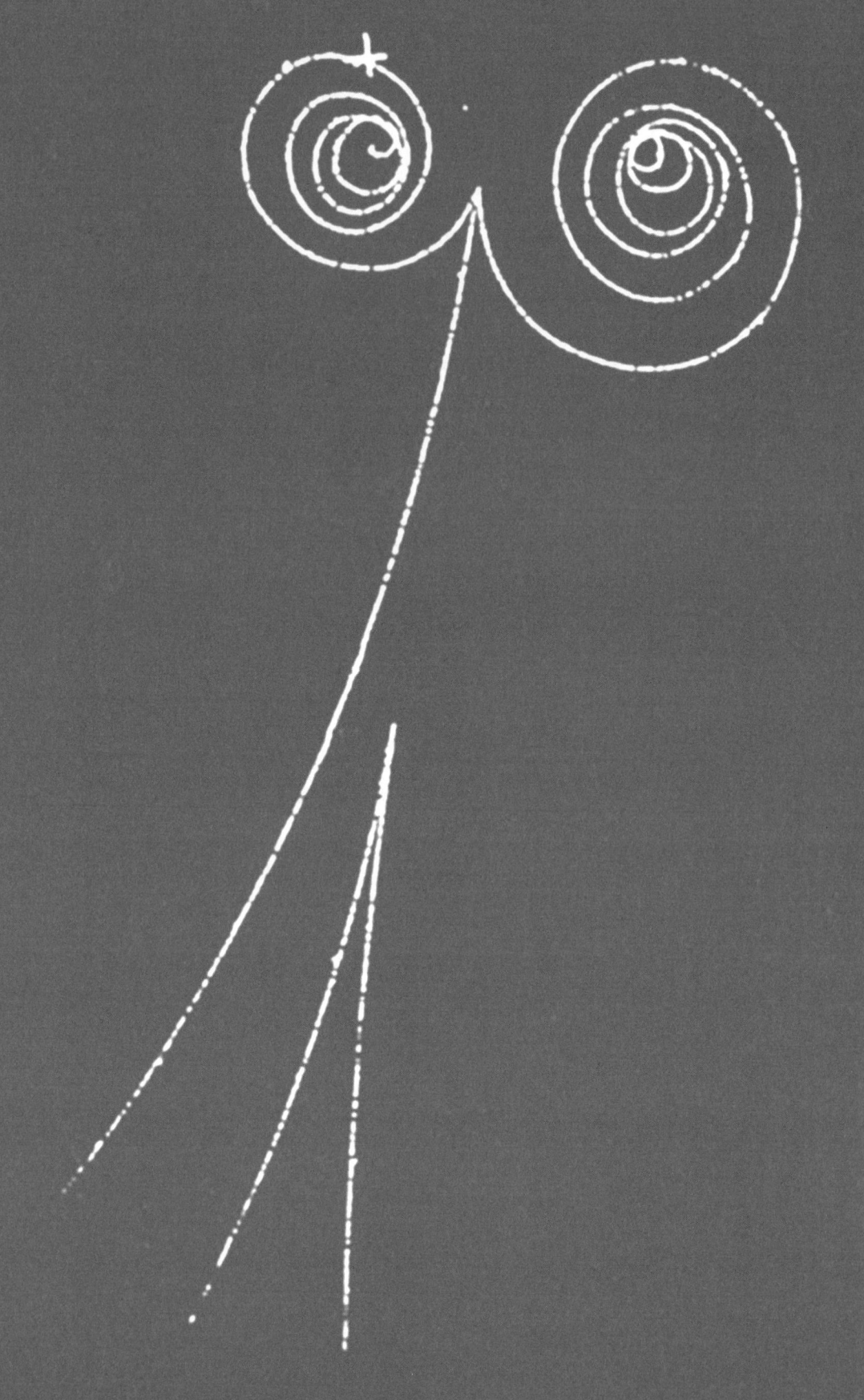

序

Nothing is more attractive to intelligent people than an honest challenging problem, whose possible solution will bestow fame and remain as a lasting monument.[*]

—Johann Bernoulli, 1696

我出生的时候，我的出生地几乎处于原始农业社会。非常幸运的是，我是我们村小学的首届学生。在我上大学之前，除了课本我没读过几本别的书，自己花钱买的书只有两本小说。我是上初二的时候才见识物理这门课的，但是到了高二结束，四年所学也不过是受力分析、直流电路和几何光学的一些连皮毛都算不上的内容。在这之前我学过一点儿算术和数学（算术和数学似乎不该并列，估计数学是用来指代代数和三角函数以有别于被当作只有加减乘除的算术了），后来有一点儿平面几何和立体几何。我上大学后

*　约翰·伯努利1696年就速降线问题向世界著名数学家发出英雄帖，这是帖中的一句："对于有智之士来说，再也没有比一个真正的挑战性问题更迷人的了，这类问题的解决可以予人以名声并成为一座永恒的丰碑。"

给中学生辅导平面几何，自信拿根粉笔能对付习题集里所有的题。直到很久以后的某一天，我看到牛顿的椭圆/抛物轨道对应平方反比律万有引力的平面几何证明（一般的物理学家也看不懂啊，所以好心的钱德拉塞卡只好为物理学家们写了个通俗版）、惠更斯关于等时线是摆线的平面几何证明，顿时感到灰心丧气。作为一个至今当了快20年物理研究员、教过不少名牌大学的教授，我可以非常自信地说，目前这个世界上99.99%的数学和物理知识都是我闻所未闻、见所未见的。**任何一个数学和物理的概念，都有太多我不知道、知道了也可能理解不了的内容。**

空气中有窃窃私语声："**人们有受教育的需求，人们更有受高品质教育的需求。**"

不知从何时起，我有一股愿望，就是写一点儿我知道的数学和物理与人分享，早一点儿告诉朋友们外面真有知识的海洋。我当然只是想象却没亲身体会过那海洋的阔与深，但从水沟到海洋总要经过几条江河不是。于是，过去的几年里，我一直在撰写一些关于数学（家）和物理学（家）的小册子。其中，《量子力学——少年版》和《一念非凡》算是取得了初步的成功。当前的这本小册子，某种意义上是《一念非凡》的姐妹篇。本书共论及30个著名的证明问题，篇幅长短不一，看似独立却又不失内在的关联。大致说来，其中18个是数学的，12个是物理的。我说"大致"是因为有些问题很难说清是数学的还是物理的，毕竟数学是物理的语言、工具甚至结果，数学物理还是专门的物理分支呢。我这样选题，就是想重申数学和物理之间没有必然的界限。哦，对了，我2018年为一个系列讲座起的名字"学不分科"就反映了我一直的想法："硬生生地把学问分成不同的学科是荒唐的，学习者不可自设藩篱！"至于问题的选择，没有什么标准或原则，只是这些问题碰巧我知道而已。有些问题可能很大，会包含其它的著名证明，比如高斯的代数基本定理的证明就会在《五次代数方程无根式解》一篇里提及。这本书里，有我自己对相关问题的思考与了悟，我保证你在其它地方是看不到的。我的朋友，请耐心分享我略有所悟时的抓耳挠腮。这些问题是真问题，来自自然的问题，构成人类知识的问题，而不是你在考卷上遇到的那类假问题。与原创的数学和物理搏斗是我写作这本书的乐趣之一。

限于作者水平，本书收录的数学证明，其水平在数学家眼里可能是不足道的。然而，证明一个数学问题，有人说是在找寻精神参照，这话我信。我们有理由在不同层面上欣赏证明带来的心灵愉悦。当我自己用高斯整数的概念证明了正方格子具有无穷多种单向缩放对称性时（见《一念非凡》第199页），真是兴奋到要尖叫，尽管那是个不值得一提的小工作。倘使你真的证明了庞加莱猜想一类的东西，你也就能理解为什么佩雷尔曼不稀罕任何他人或者机构的承认了——任何依赖他者认可的科学家都显得成色不足。

本书的一个特点是强调发现者的生卒年份——因而也就确定了其所处的时代——以及作出发现（证明）的时间，这一点非常重要。知识发生时刻之间的关联，会部分反映知识的内在发展逻辑。在历史语境下理解所学到的知识，容易看到知识的自然体系，此应成为学者的习惯。我们会发现，这些伟大的学者作出伟大发现时的年龄一般不大，这对少年朋友们来说可能是鼓舞人心、催人奋进的，对中老年朋友们来说可能难免令人感到沮丧。不过，亡羊补牢，未为迟也。在中老年阶段的某刻知道奋进，虽不能有大成就，然获得足够的学识成为奋进少年的伴读，不亦赏心悦事乎？本书也算一项科学（史）工作的示例，主旨是介绍一些数学和物理的重要证明，更多的着墨点却在于作出证明的人以及证明带来的启示：对每一个问题的阐述我都尽可能包括它的历史、哲学、硬核内容以及影响，影响包括已发生的和可能会有的。通过本书我还想教会我的少年朋友们严谨的学术表达方式，其中回溯原始论文是基本功之一。我也一直强调语言的重要性。阅读本书，看看那些科学大家之成就的多语种表述和此前求学的多语种路径，你会明白多语言学习是成就他们这些文化人的保证之一。本书中，关键概念都会注明其西文写法，文后附上相关原著、名著，方便读者朋友们深入研习。

愚作书，总期望有这样的效果："中学生不畏其难，大学生、研究生谓其难，而专业研究人员或畏其难也。"一本书若使得中学生畏难，那是要断学术香火的节奏；若是不能做到让大学生、博士生老爷们觉得难，那是会被他们嘲笑的；尤为重要的是，要包含一些专业学者也认可其难度的内容，以为青少年朋友们今天当知道、来日可求索的目标，而这恰是学术未来的希望所在。这几点，虽然我自知做不到，但不妨碍我把它们作为对个人著述的要求。

有些人可能会觉得这本书难，会抱怨里面数学太多。其实，读数学、物理书和看小说一样，并非完全能看懂的就是好的。读这本书的目的之一更在于增长见识。这里面的一些内容你不懂没关系，你听说过就很了不起了。若是那公式，让你当时感到赏心悦目，那就很好。你不需要句句都读懂，遇到看不懂的地方，直接跳过去，看过就有收获，看完则会满载而归。我的建议是，别管看懂看不懂，先看一遍再说！**玩得来由浅入深才能造就一个深刻的民族！**一个人若没读过动辄过千页的书，算不上学者〔learning man，Lernende(r)〕；没有为学术同行认可的过千页的专著，那就算不上学者〔learned man，Gelehrte(r)〕。偷偷地告诉你，本书里的许多内容我也不懂，我也不指望读者们都懂，但是你要感兴趣，要知道这世界上有这些有趣而又深刻的学问，而且那深刻是你触手可及的。追求学问如同爬山，面前有些小山包，你努努力就登上去了，你还要看到远处有崇山峻岭，再往远处，高耸云天处是秀丽俊朗的喜马拉雅。

我无意写什么科普书，尤其不会去写某些人认为的那种科普书。那些发现这本书不好懂因此恼怒的人大可不必如此，这本书还真不是为你写的。至于说有没有这么聪明的少年，读得来我的《量子力学——少年版》和《相对论——少年版》，我只能告诉你读懂这两本书的少年恐尚不足以夸耀自己的聪明！我愿意为之付出的少年，按照开尔文爵士的标准，是那些知道 $\int_{-\infty}^{\infty} e^{-x^2}dx = \sqrt{\pi}$ 不过就是 $2+2=4$ 的少年。1918年，奥地利18岁的中学生泡利已经发表广义相对论的论文了，21岁时人家就已经写出了相对论的经典综述文章并以关于氢分子离子的量子力学研究获得了博士学位。一两百年前欧洲的少年能做到的事情，今日我中华大地上的少年岂能没人做到！咱不能因我等的不够聪明而降低文化的标准，不能因我等的不求上进而降低对少年的期望。

一个年轻人的首要义务是要有野心。最高贵的野心是留下一些有永恒价值的东西。野心是世界上所有伟大成就背后的驱动力〔引自Men of Mathematics（《数学精英》）〕。一个人在学问上有所成就其实不需要多少条件：在内，不过需要你是一个极为投入的天才；在外，只不过需要有高人的耳提面命兼或前贤的浸染熏陶。也许你是个天才少年，但更重要的是你要幸运地成为一个及时被先哲教导了的少年！先哲的教导很重要，哪怕是自学，依然需要先哲的存在。前人的成就、经历与反思，未完成的思考，都是少年才俊成长不可或缺的营养。所以，我的建议是你一定要去读先哲的名著。你在年少的时候，一定要有被先哲名著震惊一次的经历。先哲名著会让你有凌绝顶一览众山的感觉。绝顶览山，山不只是小，山还会变得清晰。会当凌绝顶，一览众山清楚！当然，你还要吃得了苦，耐得住寂寞。雅可比（1804–1851）决定学数学时，写信告诉叔叔其对未来辛劳的估计。他说欧拉、拉格朗日、拉普拉斯这些人留下的巨著需要思想之巨大投入，在有能力站到这些巨人肩膀上之前，是不指望有片刻宁静从容了（it demands a strain which permits neither rest nor peace）。

我写这本书，当然不只是有激励青少年朋友的目的。写这本小书是一场致敬之旅，也是一场抚慰之旅，抚慰那个顶着烈日一边割草一边想着算术题的少年——他刚刚在别人的书本里看到了一道民兵肩上架着机枪打飞机的几何题，那让他感到格外的新奇并因此而激动不已。今天回想起来，我16岁以前没念过书，26岁以前没念过够一定水平的书，40岁以前没明白先哲的原著才是值得念的书。我希望我的努力，能让一些少年早早知道这世界存在先哲的原著，早早涌起阅读并弄懂先哲原著的冲动。科学的最终目的是向人类智慧致敬，而个人踏上科学之旅则是为了最终攀上巨人的肩膀。

在本书的一些篇章后面，我会说一些多余的话。或许撰写本书的主要目的就是为了说出那些多余的话。一块土地上，倘若真正热爱科学、有能力理解科学的人也有机会去循着科学发展自身的规律做科学，那块土地上将来或许可能大概就会有科学，就能从科学的角度对人类文明作出本民族的贡献。

呃，我是一个内向、缄默的人。

是为序。

曹 则 贤

2019年2月8日于北京

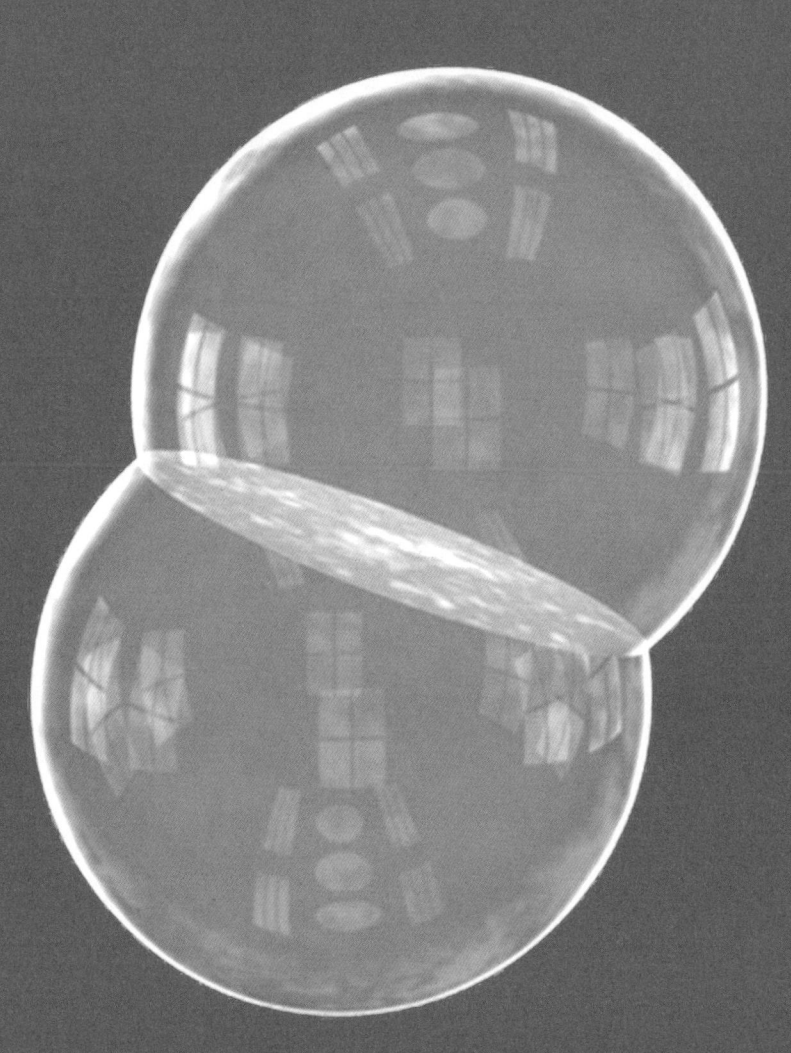

01 素数无穷多的证明

素数乃数之原子。认识到整数的无穷多和素数的无穷多让人类感到迷惘和颤栗。欧几里得、哥德巴赫、库默尔和弗斯滕伯格等人为素数无穷多提供了诸多别出心裁的证明。

素数，无穷多，费马数，

哥德巴赫猜想，孪生素数

1. 素数

如果我们研究正整数，会发现有一些数没有除数因子，即它不能被比它更小的任何整数（1除外）整除，这样的数被称为素数或者质数。其实，素数的英文为prime number，德文为Primzahl，意思是第一位的（重要的）数。为啥这么说呢？因为一个数既然有除数因子，那就当成除数因子的乘积对待好了。所有的正整数都可以表示为素数乘积的形式，因此素数有"数之原子"之称。素数包括 2，3，5，7，11，13，17，19，23，29，31，37，41，43，…

一个自然而然的问题是，素数有多少个？这个问题显然靠手算来回答是不现实的，因为当一个数很大的时候我们很难判断它到底有没有除数因子。一个有趣的例子是，法国数学家费马（Pierre de Fermat，1601–1665）认为由公式

$$F_n = 2^{2^n} + 1$$

得到的整数（称为费马数）都是素数。容易计算得到 $F_0 = 3$，$F_1 = 5$，$F_2 = 17$，$F_3 = 257$，$F_4 = 65537$，$F_5 = 4294967297$，$F_6 = 18446744073709551617$，…看起来都是素数。以费马的数学水平，他若认为这些数是素数，那大约应该没问题。但是，1732年，瑞士人欧拉（Leonhard Euler，1707–1783）指出，

F_5 不是素数，因为 $F_5 = 4294967297 = 641 \times 6700417$。

2. 素数有无穷多的欧几里得证明

素数有多少个？素数有无穷多个。这个结论在公元前300年就有证明了，给出这个证明的人是古希腊的欧几里得。欧几里得的这个证明简洁明了，但绝对是神来之笔。

欧几里得的证明基于构造法。假设已知有有限个素数 p_1，p_2，$\cdots$，p_r，由这有限个素数可以构造出一个整数

$$N = p_1 \times p_2 \times \cdots \times p_r + 1$$

这个数如果没有除数因子，则它本身就是一个新的素数，素数的数目要增加1。若它有素数因子 p，这个 p 不可能是 p_1，p_2，$\cdots$，p_r 中的一员，因为用 p_1，p_2，$\cdots$，p_r 中任意一个素数去除 N 都余 1，所以这个 p 是一个新的素数，素数的数目要增加 1。由此推知，有限个素数总是指向存在新的素数，因此素数的数目有无限多个。QED（证毕）。

形如 $N = p_1 \times p_2 \times \cdots \times p_r + 1$ 这样的整数被称为欧几里得素数。

既然素数有无穷多，一个自然而然的问题是：对于给定的整数N，小于N的素数有多少个？对这个问题的回答，在数学史上掀起了直至今天依然波澜壮阔的智力比拼，引出的问题也多是难解之谜，比如本书后面会提及的黎曼猜想。

古希腊学者欧几里得

3. 素数有无穷多的其它证明

关于素数有无穷多个的论断，后世有许多聪明的证明，包括欧拉的解析证明（见下一篇）、德国数学家哥德巴赫（Christian Goldbach，1690–1764）基于费马数的证明、美国数学家弗斯滕伯格（Hillel Furstenberg，1935–）的拓扑学证明，以及德国数学家库默尔（Ernst Eduard Kummer，1810–1893）的绝妙证明。

1878年，库默尔参照欧几里得的证明给出了一个简单、绝妙的证明。假设已知有有限个素数p_1，p_2，$\cdots$，p_r，由这有限个素数可以构造出一个整数$N = p_1 \times p_2 \times \cdots \times p_r > 2$，这是确定无疑的。由于只有有限个素数$p_1$，$p_2$，$\cdots$，$p_r$，所以$N-1$也应该是个复合数，而且和$N$共有某个除数因子$p_i$。但是，若$p_i$是$N$和$N-1$的公因子，它就应该能整除$N-(N-1)=1$，这太荒唐了。原假设不成立，故素数的数目不是有限的。

哥德巴赫在其1730年一封写给欧拉的信中提供了另一个证明方法。假如存在无穷整数序列$1 < a_1 < a_2 < a_3 < \cdots$，其中任何两个数都没有共同素数因子，那么，若$p_1$是$a_1$的素数因子，$p_2$是$a_2$的素数因子，$p_3$是$a_3$的素数因子等等，则$p_1$，$p_2$，$p_3$，$\cdots$都是不一样的，意味着有无穷多个素数。问题是，存在这样的整数序列，其中任意两个之间都没有共同素数因子吗？哥德巴赫注意到，费马数序列就是这样的整数序列。费马数为$F_n = 2^{2^n} + 1$，有关系式

$$F_n - 2 = F_0 F_1 \cdots F_{n-1}$$

所以对于任何$m < n$，F_m是$F_n - 2$的除数因子。这样，若有任何一个素数p是任意两个费马数的公因子，则p必须整除F_m和F_n，也必须整除$F_n - 2$，所以只能是2。但是所有费马数都是奇数，不可能有2这个公因子，因此任何两个费马数都没有共同素数因子。

多余的话

欧几里得（Εὐκλείδης*，西文一般写为Euclid），古希腊数学家，据信生活于公元前四世纪中叶到公元前三世纪中叶。欧几里得被尊为几何学之父，其著作《几何原本》，希腊文原名为Στοιχεια，英文为The Elements，时至今日依然是可用的经典。《几何原本》不是普通的几何学教材，它是欧洲文化的两大支柱之一，有其精神层面上的重大历史意义。欧几里得早在2300年前就能证明素数无穷多，可见他对几何、算术都有深入的研究。其实，几何啊算术啊这种专业的划分，是后世为了一些登记（registration）的目的引入的，它不可以作为对学问自身的分割——然而不幸地，它在一些虚弱的大脑里成功实现了割裂学问的目的。**数学没有专业，只分会与不会。物理亦如此。**

学问的深度常常是没有深入研究过的人难以估量的。误以为数学或者物理简单的头脑，大概是知识尚未占据的福地。哪怕是关于整数的简单加减乘除，由其引出的问题可能也是难以解决的（好在是容易理解的）。比如哥德巴赫猜想，断言任何大于2的偶数都是两个素数之和；又比如孪生素数猜想，断言存在无穷多对只相差2的素数。这两个问题到现在都没有证明，但是却非常容易理解，甚至可以走入文艺作品——我小时候读过关于哥德巴赫猜想的报告文学，长大后看过以孪生素数为主题的意大利电影（La solitudine dei numeri primi）。

数学和物理里面有太多蹂躏我们智商的内容。可是，不正是它们的难度，它们的挑战性，才带给学习者以欢乐和荣耀的吗？

---

* Εὐκλείδης，好名声的、有名望的。汉译为"欧克里得"较好。"欧几里得"译法里的"几"，我怀疑其发音为kei。

建议阅读

[1] Adrien-Marie Legendre. Essai sur la Théorie des Nombres（数论）. Duprat, 1798.

[2] Godfrey Harold Hardy, E. M. Wright. An Introduction to the Theory of Numbers（数论导论）. 6th ed. Oxford University Press, 2008.

[3] Paulo Ribenboim. The Little Book of Bigger Primes. Springer, 2004.

02   欧拉恒等式

瑞士小镇巴塞尔为人类提供了相当大比例的数学和物理知识。出自约翰·伯努利门下的欧拉是人类的智慧之星。他的众多成果中的一项——欧拉恒等式，将zeta函数和素数分布联系到了一起，开创了数学的又一片神奇新天地。

素数分布，zeta 函数，欧拉恒等式

欧拉1707年出生于瑞士小镇巴塞尔,天资聪颖,13岁入巴塞尔大学修习神学、哲学,期间遇到了神奇伯努利家族的约翰·伯努利(Johann Bernoulli, 1667–1748),被收为弟子开始修习数学。欧拉20岁离开瑞士到俄国圣彼得堡科学院工作,1733年任科学院院士及数学部主任,1741–1766年间在柏林生活25年,1766年又返回圣彼得堡直至辞世。欧拉晚年失明仍源源不断地做出研究成果。欧拉是历史上最多产的数学家,一生撰写了500多部书籍和文章,年均800多页,辞世后尚被整理出400多篇文章。以欧拉命名的公式、定理有很多,其中 $e^{i\pi} + 1 = 0$ 被认定为最美的公式,在一个简短的公式里竟然囊括了 0,1,e,i 和 π 这五个最自然、最重要的数学对象。

本篇要讲的是欧拉众多伟大工作中的一个——zeta函数的欧拉积公式,这个公式把自然数的无穷级数和与涉及所有素数的一个积表达式给联系了起来。这个公式的重要性先不论,单说从所有正整数中挑出素数来写成一个公式,就够令人惊讶的了。欧拉在Variae Observationes Circa Series Infinitas(《关于无穷级数的不同考察》)一文中提供了这个证明,该文由圣彼得堡科学院于1737年发表。

瑞士数学家、物理学家欧拉

zeta 函数 $\zeta(s) = \sum_{n=1}^{\infty} \dfrac{1}{n^s}$ 是由所有正整数的幂构成的无穷级数。如果参数 s 是复数，这个函数则称为黎曼 zeta 函数，这是后话，我们这里只关切 s 是正整数的问题。这个函数来源于对级数的研究。当 $s = 1$ 时

$$\zeta(1) = 1 + \frac{1}{2} + \frac{1}{3} + \frac{1}{4} + \frac{1}{5} + \cdots$$

这个级数是发散的，即和为无穷大。一般大学数学分析课程都会提到它。至于

$$\zeta(2) = 1 + \frac{1}{2^2} + \frac{1}{3^2} + \frac{1}{4^2} + \frac{1}{5^2} + \cdots$$

计算下来这个值约等于 1.644934。1644 年，意大利数学家门戈利（Pietro Mengoli，1626–1686）把如何得出这个级数和的准确值当作一个问题抛了出来，这就是当年著名的巴塞尔问题（Basel problem）。1734 年，欧拉解决了这个问题，得出

$$\zeta(2) = 1 + \frac{1}{2^2} + \frac{1}{3^2} + \frac{1}{4^2} + \frac{1}{5^2} + \cdots = \frac{\pi^2}{6}$$

在计算过程中，欧拉使用了一个当时他自己也拿不准的表达式

$$\frac{\sin x}{x} = \left(1 + \frac{x}{\pi}\right)\left(1 - \frac{x}{\pi}\right)\left(1 + \frac{x}{2\pi}\right)\left(1 - \frac{x}{2\pi}\right)\left(1 + \frac{x}{3\pi}\right)\left(1 - \frac{x}{3\pi}\right)\cdots$$

欧拉就用它计算了 $\zeta(2k)$，但是，如何计算 $\zeta(2k+1)$，目前依然是个悬而未决的问题。已知 $\zeta(4) = \dfrac{\pi^4}{90}$。有人用一个很神奇的算法也得到了这个结果。察吉尔（Don Bernard Zagier，1951–）考虑一个神奇的函数

$$f(m, n) = \frac{2}{m^3 n} + \frac{1}{m^2 n^2} + \frac{2}{mn^3}$$

关于这个函数有关系式

$$f(m, n) - f(m+n, n) - f(m, m+n) = \frac{2}{m^2 n^2}$$

由 $\sum\limits_{n=1}^{\infty} f(n,n) = \sum\limits_{n=1}^{\infty} \dfrac{5}{n^4} = 5\,\zeta(4)$，但是

$$\sum_{m,n=1}^{\infty} [f(m,n) - f(m+n,n) - f(m,m+n)] = \sum_{m=1}^{\infty}\sum_{n=1}^{\infty} \frac{2}{m^2 n^2} = 2\,\zeta(2)^2$$

而这两个式子是相等的，则可以得到方程 $5\,\zeta(4) = 2\,\zeta(2)^2$，故有

$$\zeta(4) = \frac{2}{5}\left(\frac{\pi^2}{6}\right)^2 = \frac{\pi^4}{90}$$

进一步地，欧拉把这个函数 $\zeta(s) = \sum\limits_{n=1}^{\infty} \dfrac{1}{n^s}$ 同所有素数联系到一起了，得到了所谓的 zeta 函数的欧拉积公式

$$\sum_{n=1}^{\infty} \frac{1}{n^s} = \prod_p (1-p^{-s})^{-1}$$

这个公式中的 $\prod$（希腊字母 π 的大写）表示连乘积，也就是说

$$1 + \frac{1}{2^s} + \frac{1}{3^s} + \frac{1}{4^s} + \frac{1}{5^s} + \cdots = \frac{1}{1-2^{-s}} \cdot \frac{1}{1-3^{-s}} \cdot \frac{1}{1-5^{-s}} \cdot \frac{1}{1-7^{-s}} \cdot \frac{1}{1-11^{-s}} \cdots$$

他是怎么得到这个结果的? 太神奇了!

欧拉是这样证明的：从

$$\zeta(s) = 1 + \frac{1}{2^s} + \frac{1}{3^s} + \frac{1}{4^s} + \frac{1}{5^s} + \cdots \tag{1}$$

出发，得

$$\frac{1}{2^s}\,\zeta(s) = \frac{1}{2^s} + \frac{1}{4^s} + \frac{1}{6^s} + \frac{1}{8^s} + \frac{1}{10^s} + \cdots \tag{2}$$

$(1) - (2)$ 得

$$\left(1 - \frac{1}{2^s}\right)\zeta(s) = 1 + \frac{1}{3^s} + \frac{1}{5^s} + \frac{1}{7^s} + \frac{1}{9^s} + \cdots \tag{3}$$

由上式可得

$$\frac{1}{3^s}\left(1 - \frac{1}{2^s}\right)\zeta(s) = \frac{1}{3^s} + \frac{1}{9^s} + \frac{1}{15^s} + \frac{1}{21^s} + \frac{1}{27^s} + \cdots \tag{4}$$

(3) – (4) 得

$$\left(1-\frac{1}{3^s}\right)\left(1-\frac{1}{2^s}\right)\zeta(s) = 1 + \frac{1}{5^s} + \frac{1}{7^s} + \frac{1}{11^s} + \frac{1}{13^s} + \frac{1}{17^s} + \cdots \quad (5)$$

至此等式右侧凡是分母上基数能被 2，3 整除的项全消除了。继续用素数 5，7，11，13，…重复上述步骤，最终得到

$$\cdots\left(1-\frac{1}{7^s}\right)\left(1-\frac{1}{5^s}\right)\left(1-\frac{1}{3^s}\right)\left(1-\frac{1}{2^s}\right)\zeta(s) = 1 \quad\quad (6)$$

此即欧拉积公式

$$\zeta(s) = \sum_{n=1}^{\infty}\frac{1}{n^s} = \prod_p\left(1-p^{-s}\right)^{-1}$$

此恒等式两侧的表达在 s 的实部 $\mathrm{Re}(s) > 1$ 时都是收敛的。对于 $s = 1$，级数

$$\zeta(1) = \sum_{n=1}^{\infty}\frac{1}{n}$$

是发散的，则 $\prod_p\left(1-p^{-s}\right)^{-1}$ 为无穷大，而这可以看作是存在无穷多个素数的一个证明（参见第一篇）。

看到这里，除了佩服欧拉的天才，你还能说什么呢?

略通数学、物理的人，无不对欧拉佩服得五体投地。举一人为例。数学、物理、天文历史上的巨人拉普拉斯（Pierre Simon Laplace，1749–1827），此人有个特争气的学生是法国的拿破仑皇帝（Napoleon Bonaparte，1769–1821），而拿破仑本人当皇帝前在29岁时已是法国科学院的院士，是个不折不扣的学者。就是拉普拉斯这样一个敢对皇帝说他的天体物理不需要假设有神（Je n'avais pas besoin de cette hypothèse-là.）的厉害角色，却不停地向年轻数学家强调要阅读欧拉的著作："Lisez Euler, lisez Euler, c'est notre maître à tous（读欧拉，读欧拉，此公乃天下师）!"

有机会读读欧拉吧，其堪为我们所有人的老师！

建议阅读

[1] William Dunham. Euler: The Master of Us All（天下师欧拉）. The Mathematical Association of America, 1999.

[2] M. B. W. Tent. Leonhard Euler and the Bernoullis. A. K. Peters, Ltd. , 2009.

[3] Martin Aigner, Günter M. Ziegler. Proofs from THE BOOK. 4th ed. Springer, 2009.

[4] C. Edward Sandifer. How Euler Did Even More. The Mathematical Association of America, 2015.

03 费马数 F_5 不是素数

费马猜测形如 $F_n = 2^{2^n} + 1$ 的整数都是素数，此为费马猜想。猜想提出100年后，欧拉随手指出

$$F_5 = 4294967297 = 641 \times 6700417$$

费马猜想被证伪。欧拉得出这个结果，靠的是对数论的深刻研究而非乱凑。

费马数，素数，证伪

1. 业余数学家费马

法国人费马的职业是律师，以（业余）数学家的身份而名垂青史，他对微积分、解析几何、数论和概率论都有重大贡献。牛顿（Isaac Newton，1642–1727）坦诚，他关于微积分的早期思想来自费马"画切线的方式（Fermat's way of drawing tangents）"。对于学物理的人来说，恐怕费马还是个了不起的物理学家，他对光学（几何光学，不妨看作射线的几何学）有贡献，有著名的费马原理，即光束在介质中的传播路径最短或者用时最少。费马上大学时是学民法的，1629年起开始研究数学，此后成果不断，与笛卡尔（René Descartes，1596–1650）并称十七世纪上半叶两位最伟大的数学家。当然了，费马还是诗人，是通晓拉丁语、希腊语的古典学者。**学问不分专业，只分会与不会。**

法国律师、数学家费马

2. 费马数

费马在数论方面的一个遗产是提出了费马数序列，即形如 $F_n = 2^{2^n} + 1$ 的整数。费马数满足关系式

$$F_n = F_{n-1}^2 - 2 (F_{n-2} - 1)^2$$

$$F_n = (F_{n-1} - 1)^2 + 1$$

等等。笔者猜测这是它和开根号，进一步地和尺规作图法，有关联的原因。容易计算得到 $F_0 = 3$，$F_1 = 5$，$F_2 = 17$，$F_3 = 257$，$F_4 = 65537$，$F_5 = 4294967297$，$F_6 = 18446744073709551617$，…看起来它们似乎都是素数。费马在十七世纪三十年代和四十年代多次言及他猜测形如 $F_n = 2^{2^n} + 1$ 的整数都是素数，但未给出猜想的理由。这个猜测被后世称为费马猜想，相应的素数被称为费马素数（Fermat primes）。差不多有100年的时间，大家都是这么相信的。

但是，到了1732年，平地一声雷，欧拉指出，F_5 不是素数

$$F_5 = 4294967297 = 641 \times 6700417$$

显然是个复合数。人们自然会很好奇，欧拉是怎么得到这个结果的？他是怎么想到要将 F_5 除以641这个数的？

3. 欧拉分解 F_5

是德国数学家哥德巴赫于1729年提醒欧拉注意费马数问题的。欧拉是个数学天才，他在数论研究领域迅速得到了如下结论

（1）如果 a，b 都不能被素数 p 整除，则形如 $a^{p-1} - b^{p-1}$ 形式的数可以被 p 整除。

进一步地，他证明了

（2）如果 a 和 b 不能被 $4n-1$ 这样的素数除尽，则 a^2+b^2 也不可能被 $4n-1$ 这样的素数除尽。

再进一步，欧拉得到定理

（3）$a^{2^m}+b^{2^m}$ 之和，注意幂指数都是 2^m 的形式，只有形如 $2^{m+1}n+1$ 形式的素数因子。

根据上述定理，我们来看看 F_5 是否有因子的问题。注意

$$2^{2^5}=4294967296$$

它和1一样，都是某个数的32次方（因为 $2^5=32$，而 $1^{32}=1$）。因此，$2^{2^5}+1$ 的因子必须是 $2^{5+1}n+1=64n+1$ 的形式。让我们逐个试试：

$n=1$，$64\times1+1=65$，不是素数；

$n=2$，$64\times2+1=129$，不是素数；

$n=3$，$64\times3+1=193$，是素数，但是不能整除 F_5；

$n=4$，$64\times4+1=257$，是素数，但是不能整除 F_5；

$n=5$，$64\times5+1=321$，不是素数；

$n=6$，$64\times6+1=385$，不是素数；

$n=7$，$64\times7+1=449$，是素数，但是不能整除 F_5；

$n=8$，$64\times8+1=513$，不是素数；

$n=9$，$64\times9+1=577$，是素数，但是不能整除 F_5；

$n=10$，$64\times10+1=641$，641能整除 F_5，它把 F_5 除尽了，除尽了！

$F_5=4294967297$ 不是素数。

QED。

顺便说一句，费马关于费马数是素数的猜测，大体上是要令人失望了。后来的计算，支持了这种感觉，比如

$$F_6 = 18446744073709551617 = 274177 \times 67280421310721$$

也不是素数。截至2018年，从F_5到F_{32}都被证明是复合数。最大的被证明是复合数的费马数是$F_{3329780}$，它的素数因子是$193 \times 2^{3329782} + 1$，是2014年得到的结果。

多余的话

本篇谈论的是证伪的问题。证伪和证实，明显思路是不一样的。就列举法来说，证实和证伪是不对称的。如果要证实，则要求检验所有的可能，费马大定理的怀尔斯证法就是遵循了这个路数。如果有无穷多种可能，那列举法证明就是不可能的。但是证伪就简单了，一个反例足矣。若说天鹅都是白的，那见到多少只白天鹅都不能算作证实（虽然我们知道天鹅的数目不是无限的，但我们不敢确定见到了所有的天鹅），但发现一只黑天鹅就达到了证伪的目的。费马数是否都是素数，发现一个费马数不是素数就算证伪了这个猜想。费马猜想不成立，那费马数的概念是不是就没有用了？不是！有一天，哥德巴赫会拿它来证明素数无穷多，高斯拿它来用尺规法作17边形。**任何知识，都是知识，是否有用，那要看有没有人会用。**费马数还是留下了一些不解之谜，比如说，费马数中到底有多少个素数，有无穷多个吗？相关问题的证明，焦急地等待着你来发挥才智！

最后啰嗦一句，就算欧拉是天才，他也是从不停的尝试中才瞥见了规律。好学者乐于实践，哪怕是拿数字也是可以做实验的，在实践中将自己引导到真知的范畴。

建议阅读

[1] C. Edward Sandifer. How Euler Did Even More. The Mathematical Association of America, 2015.

[2] Ronald S. Calinger. Leonhard Euler: Mathematical Genius in the Enlightenment. Princeton University Press, 2015.

04 关于无理数的证明

无理数的概念联系着公度这个物理问题。数的无理性各有各的特色，其证明也没有一定之规。反证法是比较常用的一种。

公度，平方根，

无理数，西奥多罗斯轮

1. 长度、平方

在谈论无理数之前，先谈谈长度的测量。长度的测量需要尺子，什么东西可以当尺子呢？当然是一维的、长度适中（以待测量的对象为准）的直杆。在原始农业社会中，高粱、芦苇，因为不枝不蔓，是天然的尺子。采用拉丁字母的西文中的canon，希腊文为κανόνας，就来自希伯来语的芦苇，是标杆、尺子的意思。标尺的概念对物理学来说非常重要。物理学中有canonical equation（正则方程），canonical ensemble（正则系综）等概念，汉语一概译成正则。正则者，可以为标准（标尺）也。希腊文还有一个与木匠的拐尺有关的词，γνωμων（gnomon），有解释其为set square（确定直角）的意思。由此而来了西语词norm（标准、规范）。与norm相关的词充斥西方的科学文献，如 normal（标准的、可为范的、法向的、自然的），normalization（归一化，见于量子力学），renormalization（重正化，见于量子场论）等等。懂得 normal 和 canonical 的概念很重要，因为测量长度和确定直角关系几乎是建立数学和物理的第一步。

用尺子测量长度，要求尺子短于待测量对象的长度，且结果为整数，这是一个计数（counting）的活儿。当然，一般来说，用尺子测量长度总有零头，零头的确定要靠更短的尺子。零头复零头，基本上经过两个层次人们对测量精度就满意了，或者说就对测量过程厌烦了。对于那个没有合适标尺对付的零头，用眼估算一下就好。比如，从前关于布匹，有三尺四寸五的说法，则这块布的长度，用寸的标准计量是整数34，若还想再精确点儿，可表示为实数34.5（假设是十进制*）。整数、有限的小数以及无限但循环的小数，统称为有理数。有理数（rational numbers），字面上会被理解为有理性的数，但接下来我们会看到，其本义应是可表示为比（ratio）的数。

然而人类生活在三维空间中一个有限物体的表面上，即生活在一个有限无界的二维曲面上，用大白话说就是生活在地球表面上。小范围内的静止水面是平的，小块的土地我们也努力使之平整好种植，这是平面几何产生的现实基础。地块若成矩形，那就更好了，易耕种、易买卖。这其中有个找垂直关系的操作，于是人类发明了拐尺。**用绳子也可以制作拐尺：将12个单位长度的绳子结成环，按将长度分为3，4，5三段的方式在三点上将绳子绷紧，则长度为3和4的两边是互相垂直的。这样的（软）矩尺据说古埃及人造金字塔时用过。直角三角形三边长度之平方的关系，在中国称为勾股定理。《九章算术》云："勾股各自乘，并之为玄（弦）实。开方除之，即玄（弦）。"用现代数学语言来表示，就是$a^2 + b^2 = c^2$。代入$a = 3$，$b = 4$和$c = 5$，容易验证12个单位长度的绳子如此张成的三角形确实是直角三角形，满足勾股定理。勾股定理在西方被称为毕达哥拉斯定理。毕达哥拉斯（Pythagoras，希腊文为Πυθαγόρας，约公元前六世纪）是古希腊的哲人，开办过学校，据信学校里还有女生。根据毕达哥拉斯定理，直边皆为单位长度的直角三角形，其弦长的平方为2，或者说弦长为$\sqrt{2}$。

---

*　如何从1米的标准尺子，得到0.1米的标准尺子呢？制作10个等长度（通过比对确定）的物体，使其连起来为9个标准米，则该物体与1米的标准尺子之间的差为0.1米，可作为0.1米的标准。如物理允许，可依此类推。注意，不同尺度上的长度标准是要基于物理学严格校准的，是一件非常严肃的事情。一些学科里提及的长度动辄跨越许多个数量级，那属于信口开河，请读者保持警惕。

**　盖房子需要找与地面垂直的线，可通过悬挂铅锤得到。

毕达哥拉斯在授课，听者有女生

2. 公度与无理数

$\sqrt{2}$ 是人类发现的第一个无理数。无理数的发现让毕达哥拉斯学派寝食难安，据说毕达哥拉斯学派的希帕苏斯（Hippasus）泄露了这个秘密，因此被谋害了。什么叫无理数？在谈论无理数之前，先了解一下公度的概念。设若有两个长度待测量的对象，存在标尺，使得它们的长度都正好是整数个单位长度，则有 $\ell_1/\ell_2 = m/n$，其中 m, n 是整数。当然也可能没有共同的标尺可以使得它们的测量结果正好为整数，此时这两个长度是非公度的（incommensurable）。这样的两个长度之比 $\ell_1/\ell_2 \neq m/n$ 被认为是无理性的（irrational，引申义），也被说成 άλογος 或者 inexpressible（无法表达的）。具体回到 $\sqrt{2}$，假设等边直角三角形的弦长与直边是可公度的，即存在 $\sqrt{2} : 1 = m : n$，其中 m, n 是不再有公约数的一对整数，则有 $m^2 = 2n^2$，可见 m 必为偶数。令 $m = 2k$，代入，则有 $2k^2 = n^2$，n 也必为偶数，这和 m, n 不再有公约数的假设矛盾。这也太缺乏理性了，是故 $\sqrt{2}$ 被当成无理的数。这个证明最早见于欧几里得的《几何原本》。

3. 反证法证明无理数

上述证明$\sqrt{2}$是无理数的过程用到了反证法。反证法是证明无理数常用的有效方法。比如，这个漂亮的证法可以用于证明$\log_2 3$是无理数。假设$\log_2 3$是个有理数，$\log_2 3 = \dfrac{m}{n}$，$m > n$且m和n皆为正整数，这意味着$2^m = 3^n$，但这是不可能的，因为2^m总是偶数，而3^n总是奇数。故$\log_2 3 = \dfrac{m}{n}$的假设不成立，$\log_2 3$是无理数。

对于更艰难一点儿的无理数证明，反证法也可能是关键的一步。比如证明e是无理数，也可以用到反证法。欧拉数e是伯努利家族之雅各布·伯努利（Jacob Bernoulli，1655–1705）于1683年引入的

$$e = \sum_{n=0}^{\infty} \frac{1}{n!} = 2.71828\dots$$

1737年欧拉发现e可以写成连分数$e = [2; 1, 2; 1, 1, 4; 1, 1, 1, 6; 1, 1, \cdots, 2n; 1, 1, \cdots]$的形式，这是一个可以写出规律（总是$n$个部分分母为1，跟着一个部分分母为$2n$）但是无限不重复的连分数，这表明欧拉数$e$是无理数。法国数学家、物理学家傅里叶（Joseph Fourier，1768–1830）提供了一个简单的利用反证法的证明。假设$e = \sum_{n=0}^{\infty} \dfrac{1}{n!}$是个有理数，记为$e = a/b$，构造数

$$x = b!\left(e - \sum_{n=0}^{b} \frac{1}{n!}\right)$$

容易证明如果$e = a/b$成立，则x应该是个整数。但是，计算这个数值会发现$0 < x < 1$。0到1之间当然没有整数，故$e = a/b$的假设不成立，e是无理数。

黄金分割数$\varphi = \dfrac{\sqrt{5}+1}{2}$也是无理数，它的证明是另条思路的反证法。黄

金分割数 $\varphi = \dfrac{\sqrt{5}+1}{2}$ 是方程 $\dfrac{x}{1} = \dfrac{1}{x-1}$ 的解，这算是它的定义。如果 $\varphi = \dfrac{\sqrt{5}+1}{2}$

是有理数，则 $\varphi = \dfrac{a}{b}$，a，b 是能表示这个有理数的最小的整数对。但是方程

$\dfrac{x}{1} = \dfrac{1}{x-1}$ 意味着如果 $\varphi = \dfrac{a}{b}$，则必有 $\dfrac{a}{b} = \dfrac{b}{a-b}$，也就是说还有表示 $\varphi = \dfrac{b}{a-b}$。

这与假设有矛盾，故 $\varphi = \dfrac{\sqrt{5}+1}{2}$ 也是无理数。当然了，若 $\sqrt{5}$ 是无理数，自然

$\varphi = \dfrac{\sqrt{5}+1}{2}$ 也是无理数，直接证明前者就好了。$\varphi = \dfrac{\sqrt{5}+1}{2}$ 是无理数还有一

个证明，就是它可写为无限连分数 $\varphi = [1; 1, 1, 1, 1, \cdots]$，没错，就是每一个
部分分母都是1。笔者总怀疑这和统计物理的遍历过程（ergodic process）有
关，也是黄金分割数出现在众多物理现象中的原因之一。不知道这能不能算
有效的猜想。

4. 西奥多罗斯轮

数学史上有个有趣的螺
旋叫西奥多罗斯轮（wheel
of Theodorus），也叫平方根
螺旋（square root spiral），
由共边的一系列直角三角形
组成，其中第一个三角形是
直边长为1的等边直角三角
形，这一系列直角三角形的

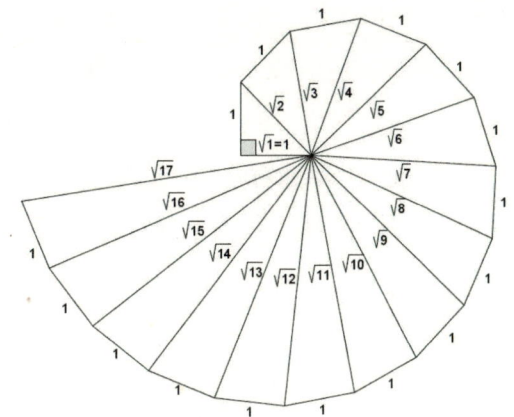

斜边长度依次为2到17*的平方根。西奥多罗斯（Theodorus of Cyrene）据信是生活在公元前五世纪的希腊人，柏拉图在Theaetetus（《泰阿泰德篇》）一书中提到了西奥多罗斯图解3到17的平方根这事儿。有文献说，西奥多罗斯参照证明$\sqrt{2}$是无理数的方法，证明了3，5，6，7，8，10，11，12，13，14，15的平方根都是无理数，但停在了17上。西奥多罗斯到底是如何证明的，他为啥在17这个数字上停滞不前了？这个问题让历史学家感到很困惑。

英国数学家哈代（G. H. Hardy，1877–1947）和赖特（E. M. Wright，1906–2005）给出了证明$\sqrt{5}$是无理数的一个例子。假设$\sqrt{5} = a/b$，a，b没有公因子，这意味着$5b^2 = a^2$，a^2能被5除尽，则a必须是5的倍数，$a = 5n$，从而有$b^2 = 5n^2$，则b也必须是5的倍数。原来的假设不成立，$\sqrt{5}$是无理数。QED。这个证明方法可以用于证明其它几个数的无理性，但无法解释西奥多罗斯为啥停在了17上。

有科学史家注意到了英国数学家希思（T. L. Heath，1861–1940）未发表的一篇论文。希思猜测西奥多罗斯坚持使用毕达哥拉斯的由奇偶性引出矛盾的证法（even-odd mode of proof）。有定理表明，任何可以写成$4n + 2$，$4n + 3$和$8n + 5$形式的整数，都可以用奇偶性引出矛盾的证法证明其平方根是无理数。以$8n + 5$为例。设$\sqrt{8n + 5} = a/b$，则$(8n + 5)b^2 = a^2$，$8n + 5$是奇数，故a，b必须皆是奇数。设$b = 2j + 1$，$a = 2k + 1$，则有

$$8nj^2 + 8nj + 2n + 5(j^2 + j) + 1 = k^2 + k$$

此式左侧恒为奇数而右侧恒为偶数，故假设不成立。这证明了$\sqrt{8n + 5}$是无理数。这个方法对$4(2n) + 1 = 8n + 1$的数不好使，而$8 \times 1 + 1 = 9$是完全平方数无需证明，$8 \times 2 + 1 = 17$就没有现成的法子了。这解释了西奥多罗斯为啥卡在了17上。

---

*　17很特殊，费马数有17，成就斐然的高斯证明了尺规法能得到17边形，且后人把17
　边形刻在了高斯的墓碑上，二维平面上的空间群有17个。

多余的话

常有观点认为物理学是实验科学，其结论归根结底要由实验来验证。此想法之大谬，稍加思考即容易勘破。就以物理量的测量而论，测量结果永远只能是有理数，而理论牵扯到的可能是无理数，比如$\sqrt{2}$之类的。进一步地，有些物理量甚至是复数，比如波函数就是个复值函数（complexed-value function），未来出现更多的必须用四元数、八元数表示的物理量也未可知，而我们可怜的测量仪器，依然只能给出正的有理数。至于测量仪器是人类根据一定的原理、冲着一定的目的设计制造的，这里面预先隐含着一些先验的假设，按说也应该是人所共知的。有一个悖论说，一个理论家给出的东西除了理论家本人相信以外谁都不相信，一个实验家给出的东西除了实验家本人不相信以外谁都相信，确实反映了物理研究的现实。一个做实验的人对实验数据信誓旦旦，这份天真估计来自从来没设计过、没拆解过甚至没了解过任何仪器的矜持。

建议阅读

[1] Adrien-Marie Legendre. Essai sur la Théorie des Nombres（数论）. Duprat, 1798.

[2] Godfrey Harold Hardy, E. M. Wright. An Introduction to the Theory of Numbers（数论导论）. 6th ed. Oxford University Press, 2008.

[3] Robert L. McCabe. Theodorus' Irrationality Proofs. Mathematics Magazine, 1976, 49(4): 201-203.

[4] Jean Christianidis. Classics in the History of Greek Mathematics. Springer, 2004.

[5] Thomas Little Heath. A History of Greek Mathematics: Vol. 2: From Aristarchus to Diophantus. Adamant Media Corporation, 2000.

05 魏尔斯特拉斯病态函数

数学素以严谨性著称。严谨性也是一个演化的概念，是在发展中逐步完善的。随着微积分的逐步发展，为微积分奠立严密的逻辑基础就变得必要了。一个魏尔斯特拉斯病态函数，就令人信服地证明了函数的连续性一点儿都不意味着可微性。

连续性，可微性，病态函数

愚以为，纯数学是艺术的最高形式之一。

——罗素

1. 微积分

有人说微积分（the calculus）是一座桥，跨过了这座桥，就进入了高等数学的领域。这话有点儿夸张。数学博大精深，饶是你在最著名的大学里把微积分教得个得心应手，也未必就算入了数学的门。单以特定数学分支的深度而论，比如加法，那也是万丈深渊，足以把绝大部分人拦在数学门外。微积分的发展历程，是惊心动魄的思维之旅。作为微积分的前驱性工作，有公元前三世纪阿基米德计算几何体之（表）面积、体积的努力，有费马用现代方法求曲线斜率和曲线下面积的探索。微积分作为一门学科的奠立，是牛顿、莱布尼茨（Gottfried Wilhelm von Leibniz，1646–1716）、伯努利兄弟（雅各布·伯努利和约翰·伯努利）以及欧拉的天才创举。微积分一经建立，就展现了其非凡的威力，不仅促进了数学自身的发展，还迅速推进了物理学、天文学的现代进展。没有微积分，物理学只是一门含有些许抽象内容的经验科学。

然而，随着微积分的发展，其面对的问题也越来越复杂，这时候微积分根基不稳的问题就暴露出来了。数学家们认识到，有必要仿照欧几里得的几何学，为微积分奠立牢固的逻辑基础。参与这项工程的，有柯西（Augustin-Louis Cauchy，1789–1857）、黎曼（Georg Friedrich Bernhard Riemann，1826–1866）、刘维尔（Joseph Liouville，1809–1882）、魏尔斯特拉斯（Karl Weierstrass，1815–1897）等人。这其中，魏尔斯特拉斯对函数连续性与可微性之间关系的证明，让人拍案叫绝。

2. 魏尔斯特拉斯和他的病态函数

卡尔·魏尔斯特拉斯是数学史上的灰姑娘。魏尔斯特拉斯在波恩大学的学习是为了当公务员作准备的，这与其数学爱好相冲突。魏尔斯特拉斯坚持自学数学，结果弄得没拿到大学毕业证。他后来转往明斯特学数学，其后辗转几所中学靠教数学、物理和植物学谋生。1854年魏尔斯特拉斯发表了一篇关于阿贝尔（Niels Henrik Abel，1802–1829）积分的论文，奠定了其作为数学家的地位，其后他转往柏林工业大学和柏林大学（今柏林洪堡大学）任数学教授。

魏尔斯特拉斯的工作赋予了分析以逻辑精确性，他因此被称为现代分析之父。所谓的逻辑标准，意味着严谨的、普遍的和不可或缺的。魏尔斯特拉斯给出了函数连续的形式定义：如果存在任意的 $\varepsilon > 0$ 和 $\delta > 0$，只要使得 $|x - x_0| < \delta$，必有 $|f(x) - f(x_0)| < \varepsilon$，则意味着函

德国数学家魏尔斯特拉斯

数$f(x)$在x_0处是连续的。这个定义是代数的而非几何的，其核心是不等式。这个工作相比之前柯西的定义，避免了"x趋近于x_0"的含混说法。另一个函数性质是可微性，即可通过

$$\lim_{x \to x_0} \frac{f(x) - f(x_0)}{x - x_0}$$

求导数。魏尔斯特拉斯对函数分析的思考所得出的一个发现是，连续性和可微性不是点态函数极限可继承的特性。什么意思呢？设有函数序列$f_k(x)$，$f(x) = \lim\limits_{k \to \infty} f_k(x)$ 是这个函数序列的点态极限（函数序列在点上之值的极限）。我们会发现，函数$f_k(x)$具有的性质，函数$f(x)$作为点态极限未必有。魏尔斯特拉斯给出了一个比较容易理解的案例。考察函数序列

$$f_k(x) = \sin^k(x), \quad x \in (0, \pi)$$

对于任意的k，函数$f_k(x) = \sin^k(x)$都是在变量的整个空间连续地从 0 经过 1 然后变化到 0 的。然而，函数点态极限$f(x) = \lim\limits_{k \to \infty} f_k(x)$的值为

$$f(x) = \begin{cases} 0, & 0 < x < \dfrac{\pi}{2} \\[2mm] 1, & x = \dfrac{\pi}{2} \\[2mm] 0, & \dfrac{\pi}{2} < x < \pi \end{cases}$$

在$x = \dfrac{\pi}{2}$处它不是连续的！

魏尔斯特拉斯最惊人之处是，作为对函数之连续性与可微性关系的证明，给出了一个意想不到的病态函数（pathological function）。关于函数的连续和可微分，一般来说可微是比连续更强的要求。一个函数可以是处处连续的，但在有些地方是不可微分的，例子俯拾皆是。比如函数$y = |x|$，它是处处连续的。但是，在$x = 0$的两侧这个函数分别是$y = x$和$y = -x$，显然在$x = 0$处微分不存在。函数可微有时和函数的光滑性是同义词。人们一度

72 ÜBER CONTINUIRLICHE FUNCTIONEN, DIE FÜR KEINEN WERTH DES ARGUMENTS

es genüge, die Existenz von Functionen nachzuweisen, welche in jedem noch so kleinen Intervalle ihres Arguments Stellen darbieten, wo sie nicht differentiirbar sind. Dass es Functionen dieser Art giebt, lässt sich ausserordentlich leicht nachweisen, und ich glaube daher, dass Riemann nur solche Functionen im Auge gehabt hat, die für k e i n e n Werth ihres Arguments einen bestimmten Differentialquotienten besitzen. Der Beweis dafür, dass die angegebene trigonometrische Reihe eine Function dieser Art darstelle, scheint mir indessen einigermassen schwierig zu sein; man kann aber leicht continuirliche Functionen eines reellen Arguments x bilden, für welche sich mit den einfachsten Mitteln nachweisen lässt, dass sie für keinen Werth von x einen bestimmten Differentialquotienten besitzen.

Dies kann z. B. folgendermassen geschehen.

Es sei x eine reelle Veränderliche, a eine u n g r a d e ganze Zahl, b eine p o s i t i v e Constante, kleiner als 1, und

$$f(x) = \sum_{n=0}^{\infty} b^n \cos(a^n x \pi);$$

so ist $f(x)$ eine stetige Function, von der sich zeigen lässt, dass sie, sobald der Werth des Products ab eine gewisse Grenze übersteigt, an keiner Stelle einen bestimmten D i f f e r e n t i a l q u o t i e n t e n besitzt.

Es sei x_0 irgend ein bestimmter Werth von x, und m eine beliebig angenommene ganze positive Zahl; so giebt es eine bestimmte ganze Zahl α_m, für welche die Differenz

$$a^m x_0 - \alpha_m,$$

die mit x_{m+1} bezeichnet werde, $> -\frac{1}{2}$, aber $\leq \frac{1}{2}$ ist.

Setzt man dann

$$x' = \frac{\alpha_m - 1}{a^m}, \qquad x'' = \frac{\alpha_m + 1}{a^m},$$

so hat man

$$x' - x_0 = -\frac{1 + x_{m+1}}{a^m}, \qquad x'' - x_0 = \frac{1 - x_{m+1}}{a^m};$$

es ist also

$$x' < x_0 < x''.$$

Man kann aber m so gross annehmen, dass x', x'' beide der Grösse x_0 so nahe kommen, wie man will.

魏尔斯特拉斯1872年提交的关于病态函数的论文

认为，连续的函数虽然不能处处可微（不是处处光滑的），但总该"差不多总是"光滑的，即在不连续的点之间总还是存在有限的区间，其上函数是可微的。十九世纪前半期出现的关于微积分的论著，大约都持这种观点。魏尔斯特拉斯认为这种观点缺乏坚实的逻辑基础。不过，如果认为这种观点是错的，总需要给出个证明。1872年，魏尔斯特拉斯向柏林科学院提交了一份论文，其中有他构造的一个函数，这个函数处处连续，但处处不可微！这个函数就是

$$f(x) = \sum_{k=0}^{\infty} b^k \cos{(\pi a^k x)}$$

其中 $a \geq 3$ 是个奇数，b 是 0 与 1 之间的常数，满足 $ab > 1 + \frac{3}{2}\pi$。这个函数是无法绘图的，因为我们有限的分辨率总会使得这条曲线看起来在有些地方是光滑的。此函数一出，天下震惊。认为连续函数总还是会在某些区间上可微的信念，瞬间崩塌了。

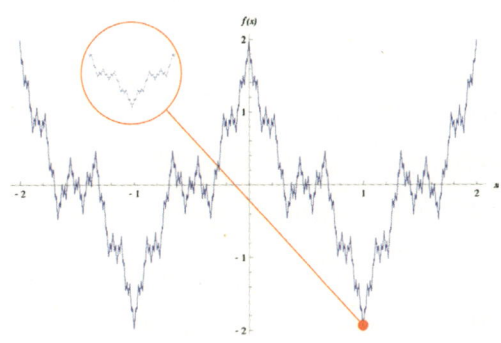

魏尔斯特拉斯病态函数的近似图像——任何部分
经过任意倍数放大都依然是锯齿状的

多余的话

魏尔斯特拉斯关于函数连续不意味着存在光滑区间的证明，有点儿类似要证明"不是所有的天鹅都是白的"。只要找到一只黑天鹅，就算证实了"不是所有的天鹅都是白的"。给出了一个处处连续但处处不可微的函数，就算是证明了函数的连续性意味着存在光滑区间的想法是错误的。这样的证明，相较于哥德巴赫猜想或者费马大定理的证明，愚以为也未必有任何逊色处，有人不服气的话尽管也去构造一个处处连续、处处不可微的函数好了。即便是在魏尔斯特拉斯之后约150年的今天，能够构造出一个那样的函数依然能确立一个人的数学家地位。魏尔斯特拉斯是怎么想到这个函数的，笔者手头没有确切资料，但是前述关于点态函数极限的研究必然扮演了前驱性工作的角色。

灵感是在实践中迸发的。聪明的脑袋转个不停，才会冒出思想的火花。

值得一提的是，魏尔斯特拉斯也是MacTutor of Masters（大师的大导师）类型的人物。其门下英才众多，康托（Georg Cantor，1845–1918）、弗罗贝尼乌斯（Ferdinand Georg Frobenius，1849–1917）、基灵（Wilhelm Killing，1847–1923）等对学数学者都是如雷贯耳的大名。然而，他门下还有柯瓦列夫斯卡娅（Sofia Kovalevskaya，1850–1891，女）、龙格（Carl Runge，1856–1927）、熊夫利斯（Arthur Moritz Schönflies，1853–1928）这些与物理学有关的杰出人物。柯瓦列夫斯卡娅和龙格（见于计算数学里的 Runge-Kutta 法，散射问题里的 Laplace-Runge-Lenz 矢量）的名字人们应该在经典力学中见到过，至于熊夫利斯的大名，那是学固体物理的人绕不过去的。

建议阅读

[1] William Dunham. The Calculus Gallery: Masterpieces from Newton to Lebesgue. Princeton University Press, 2018. 中译本名为《微积分的历程：从牛顿到勒贝格》

[2] MacTutor History of Mathematics Archive（数学家的专门数字档案，极具参考价值）.

06 自然数平方和恒等式

存在两组整数平方和之乘积依然可表示为整数平方之和的一类关系，其证明如果从多元数的角度来看就是一个练习题。在更高的层面上，可以更通透地看待遇到的问题，那问题甚至会迎刃而解。

平方和，二元数，四元数，
八元数，数系

1. 两自然数平方和

比自然数加减运算复杂性更高一级的，是关于自然数平方的运算，由此产生了许多有趣且有用的定理。一个为人们所熟知的关于自然数平方的定理是勾股定理这个特例，或者说是 $n = 2$ 情形的费马大定理，即方程

$$x^2 + y^2 = z^2$$

是有整数解的。简单的例子包括 $3^2 + 4^2 = 5^2$，$5^2 + 12^2 = 13^2$ 等等。当然啦，聪明的数学家们不会满足于这么简单的内容，他们睿智的目光看到更深、更多。

关于两个整数平方之和，古代贤哲就发现，任意一对整数平方和同另一对整数平方和之积，仍然可以表示为一对整数平方和，具体地说有

$$(a^2 + b^2)(c^2 + d^2) = (ac + bd)^2 + (ad - bc)^2$$

或者

$$(a^2 + b^2)(c^2 + d^2) = (ac - bd)^2 + (ad + bc)^2$$

这个恒等式被称为婆罗摩笈多 – 斐波那契恒等式（Brahmagupta–Fibonacci identity），也被称为丢番图恒等式（Diophantus identity）。婆罗摩笈多（Brahmagupta，598–668）是印度数学家、天文学家，斐波那契（Leonardo Fibonacci，约1175–约1250）是意大利数学家，而丢番图（Διόφαντος ὁ

Άλεξανδρεύς，约201–约285）则是古希腊数学家。此恒等式历史悠久，丢番图的Arithmetica（《算术》）一书里就有。婆罗摩笈多发现了这个恒等式，他的著作经阿拉伯语最后于1126年被翻译成了拉丁语，然后出现在斐波那契1225年出版的Liber Quadratorum（《平方书》）一书中。这个恒等式比较容易证明，将左式乘积展开，加上 $2abcd - 2abcd$ 后进行配平方，就得到了右式的结果。婆罗摩笈多还给出过一个扩展的结果

$$(a^2 + nb^2)(c^2 + nd^2) = (ac + nbd)^2 + n(ad - bc)^2$$

也容易通过配平方得到。

此恒等式的证明，在复数语境下更是直截了当。根据复数的乘法规则

$$(a + ib)(c + id) = (ac - bd) + i(ad + bc)$$

而复数 $a + ib$ 的模平方，或者说其与复共轭 $a - ib$ 的乘积，为 $a^2 + b^2$。对等式

$$(a + ib)(c + id) = (ac - bd) + i(ad + bc)$$

两边取模平方，即得恒等式

$$(a^2 + b^2)(c^2 + d^2) = (ac - bd)^2 + (ad + bc)^2$$

同理，对等式

$$(a + ib)(ic + d) = i(ac + bd) + (ad - bc)$$

两边取模平方，即得恒等式

$$(a^2 + b^2)(c^2 + d^2) = (ac + bd)^2 + (ad - bc)^2$$

这种证明方式隐含着极大的奥秘，且往下看。

2. 四自然数平方和

1748年，欧拉在写给哥德巴赫的一封信中给出了关于四自然数平方和乘

积的恒等式。欧拉发现，任意四自然数平方和同另一个四自然数平方和之积仍可表示为四自然数平方和，即

$$(a_1^2 + a_2^2 + a_3^2 + a_4^2)(b_1^2 + b_2^2 + b_3^2 + b_4^2) = (a_1b_1 - a_2b_2 - a_3b_3 - a_4b_4)^2 +$$
$$(a_1b_2 + a_2b_1 + a_3b_4 - a_4b_3)^2 +$$
$$(a_1b_3 - a_2b_4 + a_3b_1 + a_4b_2)^2 +$$
$$(a_1b_4 + a_2b_3 - a_3b_2 + a_4b_1)^2$$

欧拉管这个结果叫"not inelegant theorem（不算不太优雅的定理）"。我很好奇，他到底是如何得到这个发现的。虽然我知道欧拉、高斯这些人都做过大量的数字计算，他们擅长计算，但如何得到这个四平方数恒等式依然不是那么容易猜透。在笔者看来，如果不动用算术、代数的高等知识，很难得到这个恒等式的证明。不过，顺着上面的做法，用四元数（quaternion）的语言，欧拉恒等式几乎是个显而易见的结果，都算不上证明。为此，让我们换一套语言来描述我们的问题。

复数 $a + ib$ 又称为二元数（binarion），即它有两个单元，可写为(a, b)，满足加法

$$(a, b) + (c, d) = (a + c, b + d)$$

和乘法

$$(a, b) \cdot (c, d) = (ac - bd, ad + bc)$$

实际上复数 $a + ib$ 还可以表示成矩阵

$$\begin{pmatrix} a & b \\ -b & a \end{pmatrix}$$

的形式，加法自不必说，根据矩阵乘法有

$$\begin{pmatrix} a & b \\ -b & a \end{pmatrix}\begin{pmatrix} c & d \\ -d & c \end{pmatrix} = \begin{pmatrix} ac - bd & ad + bc \\ -(ad + bc) & ac - bd \end{pmatrix}$$

显然这再现了二元数的乘法。进一步地，形如 $a + ib + jc + kd$ 的数称为四元

数，其中 $i^2 = j^2 = k^2 = ijk = -1$，且 i，j，k 之间的乘积是反对易的，即 $ij = -ji$；$jk = -kj$，$ki = -ik$。四元数 $a_1 + ia_2 + ja_3 + ka_4$ 的模平方为 $(a_1^2 + a_2^2 + a_3^2 + a_4^2)$。将四元数 $a_1 + ia_2 + ja_3 + ka_4$ 同 $b_1 + ib_2 + jb_3 + kb_4$ 相乘得到一个四元数，求模平方，即证明了四自然数平方和的欧拉恒等式。

3. 八自然数平方和

复数乘法可以表示二维空间里的转动，这启发了英国物理学家、数学家哈密顿（William Rowan Hamilton，1805–1865），他于1843年10月16日为描述三维空间里的转动而最终发明了四元数（请参阅拙著《一念非凡》）。刚发明了四元数的哈密顿激动地把他的发现告诉了朋友格雷夫斯（John T. Graves，1806–1870）。在其1843年12月16日给哈密顿的信中，格雷夫斯就说他已经发明了八元数（octonion）。八元数可写成

$$x = \sum_{i=0\cdots7} x_i \mathbf{e}_i$$

的样子，其中的单位元 $\mathbf{e}_0$，$\mathbf{e}_1$，$\cdots$，$\mathbf{e}_7$（$\mathbf{e}_0$ 是独特的）的乘法规则很奇怪

$$\mathbf{e}_0 \mathbf{e}_i = \mathbf{e}_i \mathbf{e}_0 = \mathbf{e}_i$$

其它情形则有

$$\mathbf{e}_i \mathbf{e}_j = -\delta_{ij} + \varepsilon_{ijk} \mathbf{e}_k$$

此处 δ_{ij} 是克罗内克符号（取值为1和0），而 ε_{ijk} 是莱维－齐维塔符号（取值为1，0和 -1）。两个八元数的乘积还是八元数，你可能想到了：对乘积等式

---

* 　克罗内克（Leopold Kronecker, 1823–1891）是德国数学家，莱维－齐维塔（Tullio Levi-Civita, 1873–1941）是意大利数学家，δ_{ij} 符号和 ε_{ijk} 符号完好规定了矢量的内积与外积。简单的算术乘积其实包含了内积与外积这种高深概念。

两边求模平方，可以得出结论，任意八自然数平方和同另一个八自然数平方和之积仍可表示为八自然数平方和。此乃戴根恒等式，是丹麦数学家戴根（Carl Ferdinand Degen，1766–1825）于1818年发现的，在四元数被发明之前！同样的问题是，笔者不知道戴根到底是如何做出这个发现的。格雷夫斯于1843年、凯莱（Arthur Cayley，1821–1895）于1845年也发现了这个恒等式，但都是通过八元数的研究得来的。

4. 数系及其它

我们习惯的自然数和实数是一元数（unarion），现在我们知道了还有二元数、四元数和八元数。人们也构造了十六元数（sedenion），但是十六元数的乘法不满足交换律和结合律，甚至它的乘法都不是交替的（alternative），也就是说连

$$x(xy) = (xx)y$$
$$(yx)x = y(xx)$$

这样的要求都无法满足。德国数学家赫尔维茨（Adolf Hurwitz，1859–1919）于1898年证明了实数域上的赋范可除代数（用大白话说，即可定义积和除法的满足一定加法、乘法规则的数系）只有实数、复数、四元数和八元数这四种可能。也就是说，n个自然数平方和之积还是n个自然数平方和的，只有$n = 2$，4，8三种情形。赫尔维茨的结果对理解物理很重要。物理书上到处都有的所谓矢量叉乘 $A \times B$，其实只有三维情形是有的，不要求唯一性的话，七维情形下也有，这就和赋范可除代数有四元数和八元数有关——两者对应矢量的虚部分别是三维和七维的！而我们恰好生活在三维空间，巧合

乎？数系的正确运用，对于发展物理和正确理解物理帮助很大，比如量子力学里的旋量就是四元数作为算符的作用对象（比四元数晚生了60年！），八元数也可以用于狭义相对论……有志于学会物理的读者，不妨用点儿心。

顺便说一句，关于自然数平方和的研究很多。比如，如果允许积的部分表示带分母的话，则对于任意 $n = 2^m$ 个自然数的平方和，都有类似的恒等式。雅可比（Carl Gustav Jacob Jacobi，1804–1851）将椭圆函数用于数论研究，证明了两自然数平方和、四自然数平方和、八自然数平方和的恒等式，还有六平方和的恒等式。另外拉格朗日（Joseph Louis Lagrange，1736–1813）于1770年证明了任意自然数都可以表示成四个自然数平方之和。平方和，以及整数拆分成整数平方和的形式，可能是格点统计力学常见的问题。相关问题有很多，此处仅捎带着提示而不作深入讨论。有兴趣的读者请自行补习相关内容。

多余的话

本篇谈论的问题，是算术领域中复合代数（composition algebra）里的一点点儿皮毛知识。笔者记得小时候在一、二年级会整数的加减乘数就算是学完算术了，往后学的那是高级的，得叫数学。现在看来，真是荒唐透顶。算术作为最古老又活力四射的数学领域，一个顶级的专业数学家穷极一生可能都所知寥寥，光一个代数结构就有 group-like，ring-like，lattice-like，module-like 和 algebra-like 的说法（笔者自己也晕了）。一个成熟、有科学素养的社会，怎么可以予人以算术是浅显学问的印象呢？

关于自然数平方和的恒等式，是一些数学家在摆弄自然数的过程中发现的。他们是如何发现又如何确信那是一个有价值的发现的？笔者知识有限，未能找到有价值的确切资料。**这些了不起的数学家，在荒原上能摸出路径，在黑暗中能看见微光，恰可见他们的天才所在。**这些恒等式，若在自然数的层面上寻求证明，是极为困难的。但是，建立在多元数系上的证明则是一目了然的，甚至都很难说那是证明。这似乎在提示我们，对一个问题若还没有简洁的证明，那一定是因为我们还未进入到维度足够高能够俯视、透视和展开这个问题的空间！

建议阅读

[1] Kenneth Ireland, Michael Rosen. A Classical Introduction to Modern Number Theory. Springer, 1990.

[2] George G. Joseph. The Crest of the Peacock: The Non-European Roots of Mathematics. 2nd ed. Princeton University Press, 2000.

[3] Robert E. Bradley, C. Edward Sandifer. Leonhard Euler: Life, Work and Legacy. Elsevier Science, 2007.

[4] C. Edward Sandifer. How Euler Did Even More. The Mathematical Association of America, 2015.

07 三角形垂线交于一点的证明

雅可比恒等式看似是反对易关系自然而然的延伸，很长时间里笔者不知道它有什么意义。然而，它可以证明三角形垂线交于一点，多叠加一层它可以进入广义相对论。学问的价值，取决于人的知识深度与广度。

三角形垂心，李括号，

雅可比恒等式

1. 三角形的心

三角形是人们非常熟悉的、比点和直线略显复杂一点儿的几何对象。平面上三个不共线的点定义一个三角形。按照某些标准，还可以定义三角形的一些心（centers）。古希腊人早就知道一些三角形之心的概念了，包括中心（centroid）、外心（外接圆圆心，circumcenter）、内心（内切圆圆心，incenter）、垂心（orthocenter）等等。若三角形是均质的且处在重力场中，中心就对应着重心。这些笔者在初中也学过。很长时间里，我都以为三角形不过只有几种心而已。前些年笔者偶然间注意到有个网站上有Encyclopedia of Triangle Centers（三角形心之大全），截至2018年10月共收录各种三角形之心达24296种之多，着实吓了一跳。简单的三角形，其所包含的几何学知识远远超出笔者的想象。这更加强化了笔者的一个信念："任何一个数学和物理的概念，都有太多我不知道、知道了也可能理解不了的内容！"

三角形的中心是三条自顶点到对边中点连线（中线）的交点，外心是三条边之垂直平分线的交点，内心是三个角之平分线的交点，垂心是三条自顶点到对边的垂线的交点。平面内两条线肯定交于一点，三条线可就不一定了。然而，我们注意到上述几种情形下三角形的一些具有同样性质的三条线总交于一点。如何证明？

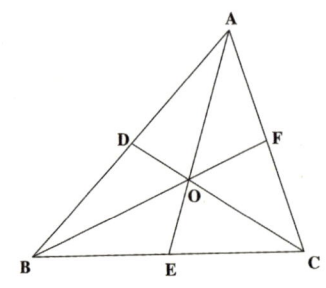

07

三角形的三条中线交于一点，是为中心

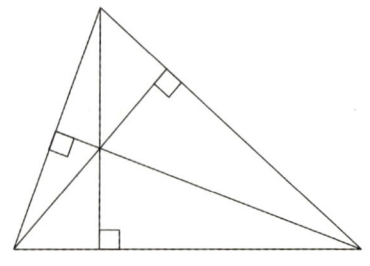

三角形的三条高交于一点，是为垂心

　　一般的证明套路总包括假设两条中线（或垂直平分线、角平分线、垂线）交于某点O，自O点向第三个顶点连线并延长，证明这条线交于第三边的中点（或这垂线平分第三边、这条线平分第三个角、这条线垂直于第三边），从而证明中心、外心、内心和垂心是相应三条线的交点。比如垂心的证明，两条高线交于一点。垂足处的角皆为直角，这样两个顶点和相应的两个垂足就是同一个圆上的四个点。利用圆上的弦所对应的圆周角恒定的道理，只要证明过第三个顶点和前述交点的线与第三边垂直即可证明三角形的三条高交于一点了。

　　关于中心问题还有更深刻一些的内容，比如切瓦定理。意大利人切瓦（Giovanni Ceva，1647–1734）于1678年发表了一个结果："对于三角形，在三边上各选择一点A', B', C'，若

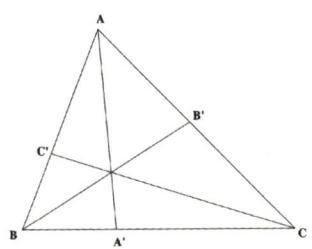

三角形ABC及三边上引入的点A', B', C',
当后者位置合适时，三条连线会交于一点

$$\frac{BA'}{A'C} \cdot \frac{CB'}{B'A} \cdot \frac{AC'}{C'B} = 1$$

则线AA'，BB'和CC'交于一点。"中心问题显然是切瓦定理的一个特例，对应

$$\frac{BA'}{A'C} \cdot \frac{CB'}{B'A} \cdot \frac{AC'}{C'B} = 1 \times 1 \times 1 = 1$$

2. 雅可比恒等式用于垂心的证明

关于垂心的证明，竟然会用到雅可比恒等式。雅可比是与高斯齐名的德国数学家、与哈密顿齐名的经典力学缔造者。数学天才伽罗瓦决斗前一天晚上念念不忘的，是把自己的论文交给高斯和雅可比去评判（"不是评判对与错，而是评判这项工作是否值得做"），可见雅可比在其他数学天才眼中的地位。雅可比恒等式是关于二元操作的一个性质，出现在各种各样的数学书和理论物理书中。数学上有一种定义二元操作的李（Sophus Lie，1842–1899）括号$[A, B] = A \circ B - B \circ A$，其中$A \circ B$的意义可以是$A$, B关于两个变量一先一后的微分〔比如经典力学中的泊松括号$\{f, g\} = \dfrac{\partial f}{\partial q}\dfrac{\partial g}{\partial p} - \dfrac{\partial f}{\partial p}\dfrac{\partial g}{\partial q}$〕，作为算符一先一后作用到对象之上〔比如量子力学中算符的对易式$[A, B]\psi = (AB - BA)\psi$〕，或者是作为函数的嵌套〔$[f, g](x) = f(g(x)) - g(f(x))$〕等等。不管$A \circ B$是什么意思，总有$[A, B] = -[B, A]$。对于人们熟悉的（三维）矢量叉乘$\boldsymbol{A} \times \boldsymbol{B}$，就有这样的性质，$\boldsymbol{A} \times \boldsymbol{B} = -\boldsymbol{B} \times \boldsymbol{A}$。其实，$\boldsymbol{A} \times \boldsymbol{B}$也可以写成李括号的形式。叉乘，一般地应是外积（叉乘是三维的特例），可定义为$2A \times B = [A, B] = AB - BA$，内积定义为$2A \cdot B = AB + BA$。李括号调换顺序结果为负的性质是一种反对称性质（antisymmetry property）。注意，这里$[A, B]$和A, B是同一类数学对象。对这种反对称性的操作作一个层次的嵌套，即关注$[[A, B], C]$，必然

会得到关系

$$[[A, B], C] + [[B, C], A] + [[C, A], B] \equiv 0$$

此即所谓的雅可比恒等式。长期以来我都不理解雅可比恒等式有何意义可言，因为只要知道了$[A, B] = -[B, A]$，雅可比恒等式几乎是唾手可得的。

雅可比恒等式的意义之一，可能是由其可过渡到一个关于李括号嵌套两层的恒等式

$$[x,[y, [z, w]]] + [y, [x, [w, z]]] + [z, [w, [x, y]]] + [w, [z, [x, y]]] = 0$$

这个恒等式在微分几何和广义相对论中会用到。让笔者惊讶的是，雅可比恒等式的几何意义包含在三角形的三条高线交于一点这个事实中。或者说，因为有雅可比恒等式，所以三角形的三条高线交于一点。发现这一点的是俄罗斯人阿诺德（Влади́мир И́горевич Арно́льд，1937–2010）。阿诺德是当代了不起的数学家、物理学家，熟悉了阿诺德的工作，你会发现学习经典力学是一种享受。

那么，如何用雅可比恒等式证明三角形的三条高线交于一点呢？把三角形ABC的三条边表示为平面内的三个矢量$\vec{a}$（**BC**），$\vec{b}$（**CA**），$\vec{c}$（**AB**），必有

$$\vec{a} + \vec{b} + \vec{c} = 0 \qquad\qquad (1)$$

这可作为三角形的定义。由叉乘的定义可知，过A点的矢量$N_a = [a, [b, c]]$在三角形面内，且垂直于边BC，因此是BC边上的垂线。同理，$N_b = [b, [c, a]]$是CA边上的垂线，$N_c = [c, [a, b]]$是AB边上的垂线。这样，雅可比恒等式即意味着

$$N_a + N_b + N_c = 0 \qquad\qquad (2)$$

这三个矢量满足和为零的条件，则若它们（不妨看作是过相应顶点施加的一个力矢量）相对某一点M的力矩——还是李括号的形式，物理上力矩就是距离同力的叉乘$r \times F$——之和也为零，则它们过同一点，此即要求

$$[MA, N_a] + [MB, N_b] + [MC, N_c] = 0 \qquad (3)$$

实际上若有一点满足(3)式，则因为$N_a + N_b + N_c = 0$，(3)式对所有点都成立。这样，若M点是过A的高线与过B的高线的交点，则分别有$[MA, N_a] = 0$，$[MB, N_b] = 0$。但是，这也就意味着$[MC, N_c] = 0$，M点也必然是过C的高线上的点。所以我们需要做的就是证明(3)式成立。把连线MA记为矢量$\vec{x}$，则

$$[MA, N_a] + [MB, N_b] + [MC, N_c] = [\vec{x}, N_a] + [\vec{x} + \vec{c}, N_b] + [\vec{x} + \vec{c} + \vec{a}, N_c]$$

由(1)和(2)，很容易计算得到 $[MA, N_a] + [MB, N_b] + [MC, N_c] = 0$。

多余的话

人类的知识体系是一棵蓬勃生长着的大树，多古老的知识都可能会迸发出新枝芽。那些看似无关的内容，可能都有千丝万缕的联系；而那些看似简单的内容之所以看似简单，只是因为它背后那些深刻的东西我们不知道而已。这是笔者2005年在准备"经典力学：从思想起源到现代进展"课程时蹦出的想法，后来的见识更让我相信这一点。

建议阅读

[1] David Wells. The Penguin Dictionary of Curious and Interesting Geometry. Penguin, 1991.

[2] Nikolai V. Ivanov. Arnol'd, the Jacobi Identity, and Orthocenters. The American Mathematical Monthly, 2011, 118(1): 41-65.

[3] V. I. Arnold. Mathematical Methods of Classical Mechanics. 2nd ed. Springer, 1997.

08 尺规法作17边形

尺规作图法是一个经典问题，联系着几何、数论和代数方程等学问。高斯在决定正式学习数学之前就得出了17边形的尺规作图法。本篇试图再现高斯得到17边形尺规作图法的"脚手架"。

尺规法，17边形，费马数，可构造性

1. 五角星画法

记得上初二时我开始学平面几何，见识了尺子和圆规。老师教了我们如何画五角星。画法如下（如图）：

（1）画一个十字；

（2）以交点C为圆心，画一个单位圆；

（3）找出一个半径的中点M；

（4）以圆与十字在正上方的交点D为第一个点，以其为原点，以该点到M点的距离（$d = \dfrac{\sqrt{5}}{2}$）[*]为半径，画大弧交单位圆于两点，此分别为第二、三点；

（5）分别以第二、三点为原点接着画大弧，各交单位圆下半部于一点，此分别为第四、五点；

（6）依次用直线连接，得一五边形。

若隔点连接，则得到一个五角星。如果继续从顶点到中心连线把每个角都分成两部分，

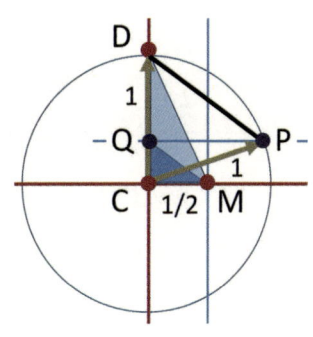

正五边形的尺规作图法

---

[*] $\sqrt{5}$ 里的学问太多。黄金分割数 $\varphi = \dfrac{\sqrt{5}+1}{2}$ 见于各门学问，比如准晶、叶序学、建筑学、统计物理等。

交替选择一侧用铅笔涂黑，那就能得到一个有明暗衬度的、浮雕式的五角星，美极了（那时候，八一电影制片厂每部电影的片头都是闪闪的五角星啊）！那成就感，满满的，记得我当时非常沉迷于这个游戏。

但是，且慢。这里有两个小问题。其一，为什么这样能画出一个五角星？其二，画得次数多了，我就注意到这样得到的第四、五点间的距离其实比其它近邻点间的距离略大。也就是说，以距离 $d=\dfrac{\sqrt{5}}{2}$ 为弦长的圆弧（arc）没把单位圆五等分。那么，如何得到圆的内接正五边形呢？这两个问题，我当时没学会思考，后来也一直没思考过。

好吧，现在来考虑这个问题。把单位圆五等分，相当于把圆周长 2π 五等分，要求圆规张开的弦长 d 对应弧长 $s=\dfrac{2\pi}{5}\approx 1.257$。注意，上述画法中 $d=\dfrac{\sqrt{5}}{2}\approx 1.118$。对于五等分单位圆的情形，弧长 $s=\dfrac{2\pi}{5}\approx 1.257$ 对应的弦长应为

$$d=\sqrt{\dfrac{5-\sqrt{5}}{2}}\approx 1.176$$

这比 $d=\dfrac{\sqrt{5}}{2}\approx 1.118$ 就多一点点儿。因此，我们的画法近似是成立的。

那么正确的画法是什么呢？接上述步骤（3）

（4）作∠CMD平分线交CD于Q点；

（5）过Q点作CD的垂线交圆于点P，线段DP即是严格的圆内接正五边形的边长。

尺规作图法还容易得到三等分圆。早在古希腊时代，人们就会用尺规法三等分圆了。三等分圆作图法如下：

（1）画一条直线；

（2）以直线上某点C为圆心，画一个单位圆，交直线于两点；

（3）以其中一个交点为原点，半径不变，画大弧交单位圆于两点；

（4）连接这两点，就得到了圆三等分弧长所对应的弦长。

这个方法之所以奏效，是因为以半径为长度的弦正好是圆内接正六边形的边长。

知道了正三角形、正五边形的作图法，容易得到 $3 \times 5 = 15$ 边形的作图法。对于3，5这样的一对互质数 (p, q)，存在整数 a，b，使得 $ap + bq = 1$。易得 $\dfrac{2\pi a}{q} + \dfrac{2\pi b}{p} = \dfrac{2\pi}{pq}$，这样得到了角 $\dfrac{2\pi}{pq}$，也就得到了正 $p \times q$ 边形。

那么，若 n 是圆内接多边形的边数，则 n 为什么样的数值时，尺规作图法是有效的呢？比如 $n = 17$，能否用尺规法得到圆内接17边形（heptadecagon）呢？这个问题，要等待数学第一人高斯来回答。

2. 天才高斯

高斯（Johann Carl Friedrich Gauss，1777–1855），德国数学家、物理学家，在世时就被誉为"数学第一人"[*]和"有史以来最伟大的数学家"。高斯出生于德国下萨克森州的一个普通家庭，幼聪慧。传说高斯三岁时就纠正了其父算账时的错误，上小学时因为捣蛋被老师罚去计算1加到100，结果高斯瞬间给出正确答案5050。高斯19岁在哥

德国数学家、物理学家高斯

---

[*] 拉丁语Princeps mathematicorum，英译为the prince of mathematics，中国有人就将其错译为"数学王子"。高斯有另一称号，the Titan of Science，科学巨人。

廷恩大学时还在为是学语言还是学数学而犹豫不决，后来还是选择了学数学。据信，屹立在牛顿和莱布尼茨之间的法国女科学家莎特莱侯爵夫人（Marquise du Châtelet，1706–1749）似乎对高斯影响很大。他到处寻找莎特莱侯爵夫人翻译的牛顿著作《自然哲学的数学原理》，并对同学鲍耶〔Farkas Bolyai，1775–1856，非欧几何创始人之一János Bolyai（1802–1860）的父亲〕说：如果找到的是俄文版的，他也乐意为此去学俄语。此时，仅凭其在中学所（自）学的数学，高斯已经给出了17边形的尺规作图法，成了一流的数学家。高斯得到的正17边形尺规作图法，是将数论研究用于几何学的杰作，被誉为欧几里得和阿基米德之后2000年来尺规作图法的首个进展。此外，高斯不仅对数学各领域都有贡献，他还对磁学（高斯是磁场强度单位，还有高斯定理 $\nabla \cdot E = \rho/\varepsilon_0$）、天文学、大地测量（测地线可是广义相对论的关键概念）等学科有重大贡献，是个不折不扣的物理学家。

3. 尺规作图法构造17边形与可构造性

在谈论高斯如何证明尺规法可以构造17边形之前，先谈谈一些高斯证明可能用到的知识。这些知识笔者在不同地方都学过，可惜未能将它们贯通。首先看尺规作图法，其擅长的是作一个线段的垂直平分线和平分一个角（以顶点为圆心画圆弧交角的两边于两点，作这两点连线的垂直平分线，该平分线过顶点且平分该角）。笔者前不久刚认识到，平分一个角的操作，若作用于复平面的一个辐角上，就是开平方！为什么这么说呢？因为有 $\sqrt{e^{i\theta}} = e^{i\theta/2}$。这里用到了复数，而我们知道，方程 $x^n = 1$ 的n个复数解就是复平面内单位圆的内接正n边形。第二，关于费马数 $F_n = 2^{2^n} + 1$，考察其中的

2^{2^n}，这个数列是2，4，16，256，65536，…每一项都是前面一项的平方。反过来看，每一项都是后面一项的平方根。你看，平分角、2^{2^n}、解一元二次方程，三者都和开根号有关。笔者猜测这就是高斯搭建17边形可构造性的部分脚手架。这个天才，希望他的数学建筑是自持的、完美的，总是在完工后把脚手架拆除掉。不过，笔者相信自己的猜测是正确的。

高斯的证明基于：

（1）正多边形的可构造性意味着多边形内角的三角函数可以用算术运算和开方表示出来；

（2）在多边形边数之奇数因子为费马数时，这是可行的。

对于17边形，就是如何表示

$$\cos\frac{2\pi}{17}$$

的问题，高斯在其 Disquisitiones Arithmeticae（《算术研究》）一书中给出了如下表达

$$16\cos\frac{2\pi}{17} = -1 + \sqrt{17} + \sqrt{2\times17 - 2\sqrt{17}} +$$
$$2\sqrt{17 + 3\sqrt{17} - \sqrt{2\times17 - 2\sqrt{17}} - 2\sqrt{2\times17 + 2\sqrt{17}}}$$

注意，这个表达式包含四项，分别为0重根号、1重根号、2重根号和3重根号，对应16的开方序列为16，4，2，1。这其间，高斯用到的重要一步，就是方程 $x^n = 1$ 的n个复根的性质

$$2\cos\frac{2\pi}{n} = e^{i2\pi/n} + (e^{i2\pi/n})^{n-1}$$

若n是费马素数，则$n-1$就是2^{2^i}，则项$(e^{i2\pi/n})^{n-1}$就可以一直开根号最后得到$e^{i2\pi/n}$。想明白了这点，笔者不由得击节叫好。高斯证明的脚手架，笔者相信已经给他复原了。但是，计算过程、17边形的画法以及由此引出的高斯周期

等概念，都有点儿复杂，这里就不详细解释步骤了，只给出17边形尺规作图法的一个示意图。有兴趣的读者很容易找到17边形画法的动态图解，请自行仔细参详。

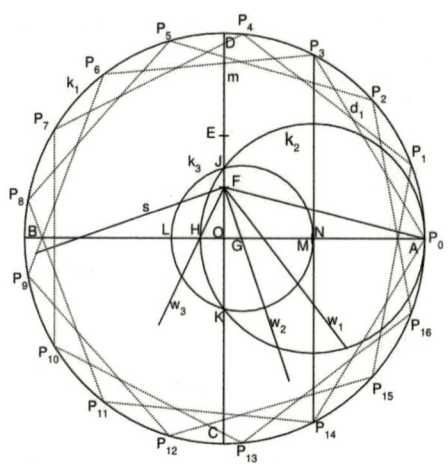

正17边形的一种尺规作图法的示意图

高斯关于正多边形尺规作图法可构造性的研究可归结于高斯－旺策尔定理：正n边形可用尺规作图法得到的充分必要条件是，$n = 2^i p_1 p_2 \cdots p_j$，其中$p$是某个费马素数。由于5个费马素数有31种组合可得到奇数，故有31个边为奇数的正n边形是可以用尺规作图法得到的。关于其它数目为奇数的正多边形的不可构造性，是由法国数学家旺策尔（Pierre Laurent Wantzel，1814–1848）于1837年证明的。

高斯对他这个发现太满意了，据说他曾要求将来在他的墓碑上就刻一个圆内接17边形（这是效法阿基米德的举措），但被石匠拒绝了，理由是这个活儿就算干好了，其效果也会让人误以为本来是想刻个圆但却把活儿干砸了。顺便说一句，天才高斯的父亲就是个石匠。

多余的话

　　德国人深为高斯这个历史上的天才而骄傲，一直以各种形式纪念他。令笔者印象深刻的是从前德国的10马克纸币，上有高斯像和著名的高斯分布函数及其图像。**数学才是硬的竞争力**，法国、德国和瑞士等国家给世人作出了榜样。基于个人的浅见，笔者总觉得85%以上的数学、物理根本就还没传入中国。**创造是个过程，如欲得甜美的果子，当从种树开始**。盼望我后世中华儿女能好好补上如何创造数学、物理这一课。

德国10马克纸币上高斯像和高斯分布函数

建议阅读

[1] M. B. W. Tent. The Prince of Mathematics: Carl Friedrich Gauss（数学第一人高斯）. A. K. Peters, Ltd. , 2006.

[2] Guy Waldo Dunnington. Carl Friedrich Gauss: Titan of Science（科学巨人高斯）. Exposition Press, 1955.

[3] Arthur Jones, Sidney A. Morris, Kenneth R. Pearson. Abstract Algebra and Famous Impossibilities. Springer, 1991.

[4] Ian Stewart. Galois Theory. 3rd ed. Chapman & Hall/CRC, 2003. 第 19 章有关于尺规作图之数学基础的深入分析

09

三角形面积的希罗公式

希罗公式将三角形面积表示为三个边长的函数，这可能才是恰当的公式。这思想应该也适用于圆、球这样的特殊几何对象，我猜测它甚至可以推广到任意维数的情形。

三角形面积，半周长，希罗公式

1. 原始物理学家希罗

Hero(n) of Alexandria（Ἥρων ὁ Ἀλεξανδρεύς，约10 – 约70），亚历山大的希罗，生活在罗马统治下的埃及亚历山大城，算是希腊人或者希腊化的埃及人。希罗在包括著名的亚历山大城图书馆等书院教过书，留下了大量的讲义，而这些讲义里的内容放在今天大约可以归入数学、力学（机械）、物理甚至自动化等领域。希罗是古希腊科学传统的代表，但不同于泰勒斯这样的哲学家 – 数学家或者欧几里得这样的数学家，希罗除了精通数学以外，还是个了不起的实验家。希罗有个有趣的发明叫aeolipile，又名Hero's engine（希罗机）。aeolipile这个拉丁词我猜字面意思是小亚细亚之灶。希罗机就是在灶上烧水，部分水蒸气从中间活动部分的开口喷出，反冲作用造成中间活动部分转动。希罗机大概可算是最早的热机了，西方的热力学史书会提到它。希罗还建造过风力驱动的风琴，甚至唧筒。从这些成就看，希罗是个了不起的实验物理学家，当然了，在物理理论方面他也不遑多让。那个光的路径最短的原理（后世称为费马原理），一个物理学的基本原理，就是希罗提出来的。

希罗机（小亚细亚之灶）

本篇关切希罗的一项数学成就，一个用希罗命名的关于三角形面积的公式，英文文献中写为 Heron's formula 或者 Hero's formula。这样的一个简单的公式，同样展现出令人错愕的深刻。

2. 希罗公式

三角形的面积怎么计算？笔者记得从课本学到的公式是底边（basis）b 乘上（相应的）高（height）h 的一半，即 $A = b \times \dfrac{h}{2}$。这个公式的来源可做如下理解："若定义长方形的面积为两边之积 $a \times b$；*对长方形施加剪切力挤压，则长方形会变成一般的平行四边形（下图），长边边长保持不变，面积也不变。将此平行四边形沿对角线剖成两半，如此得到的一般三角形，其面积就是原来的长方形或平行四边形面积的一半，所谓的这个三角形的（某个）底边就是原来长方形的一边 b，而所谓的这个三角形的高相应地就是原来长方形的另一边，$h = a$。"

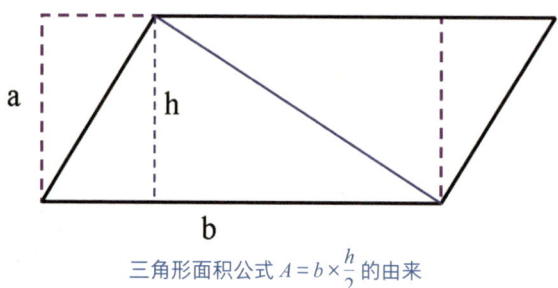

三角形面积公式 $A = b \times \dfrac{h}{2}$ 的由来

---

* 　长方形面积是对正方形面积（$A = a^2$）的推广。a^2，称为 a squared, 是最原初的图像，也是最原初的、抽象的定义。

不过这个公式是有问题的。给定一个三角形，高不是三角形的原初特征。类似的概念性错误或曰误解还有不少，比如定义圆是二维空间内到一固定点的距离恒定的点的集合，那个固定点叫圆心。然而，圆不需要圆心或者没有圆心，圆就是一个圆——你的戒指如果还有个圆心就没法往手上戴了。这样的问题在古希腊的数学家那里早已经解决了，可在我们今天使用的教科书里还依然顽固地存在着。

给定一个三角形，三个边长，以及三个角，才是它的原初特征。给定三个边长，可以确定一个三角形；给定两个边的边长和夹角，也可以把三角形确定下来。因此，就这些原初特征给出三角形面积的公式才是贴切的。对后一种情形定义的三角形，面积为

$$A = \frac{1}{2} ab \sin\theta$$

而对前一种情形定义的三角形，就引出了著名的希罗公式。对于边长分别为 a, b, c 的三角形，其面积为

$$A = \sqrt{s(s-a)(s-b)(s-c)}$$

其中 $s = \dfrac{a+b+c}{2}$ 是三角形的半周长。

希罗公式 $A = \sqrt{s(s-a)(s-b)(s-c)}$ 是否正确呢？光看样子我就愿意相信它是正确的，因为它太具有美感了，写成

$$A^2 = s(s-a)(s-b)(s-c)$$

或

$$A = \frac{1}{4}\sqrt{(a+b+c)(a+b-c)(b+c-a)(c+a-b)}$$

的形式更好看。首先，它的量纲是对的，周长和边长的量纲为 L^1，面积的量纲为 L^2；四个边长项相乘，开根号，量纲就是面积量纲。其次，它具有高度

的对称性，把a, b, c任意置换公式不变，而且在公式$A = \frac{1}{4} \sqrt{(a+b+c)(a+b-c)(b+c-a)(c+a-b)}$中的分母4也意味着什么。至于它所包含的深刻的哲学道理，也值得玩味。

我国南宋时期的数学家秦九韶（约1202–约1261）在其1247年出版的《数书九章》一书中给出过公式

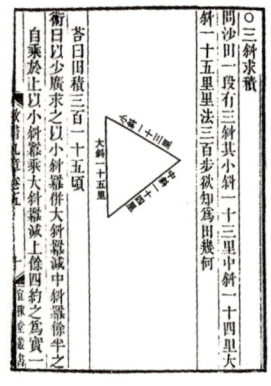

$$A = \frac{1}{2} \sqrt{a^2 c^2 - \left(\frac{a^2 + c^2 - b^2}{2} \right)^2}$$

此公式与希罗公式是等价的，但从形式上看对称性差一些。

3. 希罗公式的证明

希罗公式的证明用到圆内接四边形的概念。对角互补其和为π的四边形，有外接圆。这个外接圆的存在，可以辅助问题的证明。关于圆内接四边形，若其边长分别为a, b, c, d，则其面积为$A = \sqrt{(s-a)(s-b)(s-c)(s-d)}$，其中$s = \frac{a+b+c+d}{2}$是四边形的半周长。这个公式后世称为婆罗摩笈多公式。若圆内接四边形一个边长为0，则圆内接四边形退化为三角形（三角形总有外接圆，是圆内接四边形的特例），婆罗摩笈多公式就变成了希罗公式。

希罗公式可以由三角形的定义出发直接证明。三角形的三边可看成是平面内的矢量，满足条件$\vec{a} + \vec{b} + \vec{c} = 0$。这公式的意思是，你连续画三个线段后回到了原点（下页图）。由此可得$2ab\cos\theta = a^2 + b^2 - c^2$。而三角形的面积为$A = \frac{1}{2} ab \sin\theta$。

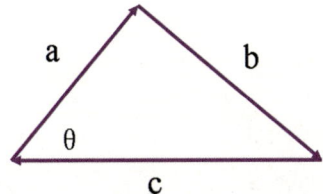

三角形的三边可看成是平面内的矢量

$$A = \frac{1}{2} ab \sin\theta$$

$$= \frac{1}{4} \sqrt{4a^2b^2 - (a^2 + b^2 - c^2)^2}$$

$$= \frac{1}{2} \sqrt{a^2b^2 - \left(\frac{a^2 + b^2 - c^2}{2}\right)^2} \quad （这是秦九韶的公式）$$

$$= \frac{1}{4} \sqrt{[2ab - (a^2 + b^2 - c^2)][2ab + (a^2 + b^2 - c^2)]}$$

$$= \sqrt{\frac{(a+b+c)}{2} \frac{(a+b-c)}{2} \frac{(b+c-a)}{2} \frac{(c+a-b)}{2}}$$

$$= \sqrt{s(s-a)(s-b)(s-c)} \quad （这是希罗公式）$$

补充一下，半周长 s 的意义可从下图看出。给定任意边长分别为 a, b, c 的三角形，作其内切圆，内切圆把三角形的三边各分割成两部分，其长度若用 s 来表示具有形式上的对称性。不要小瞧这种形式上的对称性，对称性常意味着简化，以及取极值等问题。如果能做到本能地用对称性的眼光看公式，就可以作理论物理教授了。

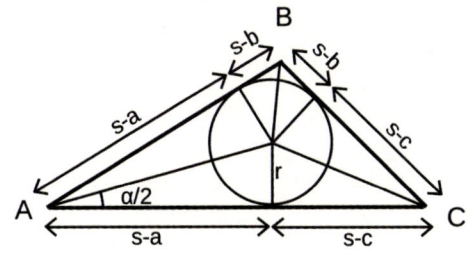

三角形的边、半周长与内接圆的关系

多余的话

三角形面积的希罗公式 $A = \sqrt{s(s-a)(s-b)(s-c)}$ 和圆内接四边形面积的婆罗摩笈多公式 $A = \sqrt{(s-a)(s-b)(s-c)(s-d)}$，不只是具有形式上的对称美，重要的是它们还包含深刻的哲学思想。注意，这两个公式都是用所有边长来度量其所包含的面积，反映的思想是，内含是由边界完全确定了的。依循这样的思想，圆的面积写成周长函数的形式 $S = \dfrac{\ell^2}{4\pi}$，球的体积写成表面积函数的形式 $V = \dfrac{S^{\frac{3}{2}}}{6\sqrt{\pi}}$，或许更有深意。笔者过去几年里一直讲授表面物理，结合对斯托克斯定理（Stokes' theorem）和庞加莱（Jules Henri Poincaré，1854–1912）引理的思考，故于多年前就斗胆宣称"**内涵都在表面上**"。用"表面"这个词，当然是因为我们生活在三维空间中，在谈论三维空间中的情形。三角形是二维存在，其内涵由边完全决定。作为一般性表述，笔者猜测应该表述为：任何 n 维空间中的多面体，其体积由张成该多面体的各边的边长完全确定，且一定能表达成其 $n-1$ 维表面积的函数（$V \propto S^{\frac{n}{n-1}}$）。这个猜想对吗？

希罗公式告诉我们，这个猜想在二维的情形下是对的。有趣的是，对于三维情形，任意四面体由6个边定义，其体积确实可以写成由这6个边长表示的公式！设四面体的边长为 U，V，W 和 u，v，w，其中 U，V，W 是四面体的一个三角形小面（facet）的三个边长，u，v，w 是相应四面体上对边的长度，则四面体的体积为

$$\frac{\sqrt{(a+b+c-d)(b+c+d-a)(c+d+a-b)(d+a+b-c)}}{192\,u\,v\,w}$$

其中 $a=\sqrt{xYZ}$，$b=\sqrt{yZX}$，$c=\sqrt{zXY}$，$d=\sqrt{xyz}$

$$X=(-U+w+v)(U+v+w)$$

$$x=(U-v+w)(U+v-w)$$

$$Y=(u-V+w)(u+V+w)$$

$$y=(u+V-w)(-u+V+w)$$

$$Z=(v+u-W)(u+v+W)$$

$$z=(-u+v+W)(u-v+W)$$

这个表述，虽然显得凌乱，但是依然能看出点群 T（正四面体的点群）置换的影子。这个公式肯定别有深意，容笔者慢慢参详。

笔者还有个疑问，n 维球体内接多型体的一般条件是什么呢（what is the condition for the inscribed polytope inside a n-sphere）？待考。

多啰嗦一句。度量是数学、物理之始。希罗留下的一部描述如何计算各种物体的表面积和体积的著作 Metrica（《度量》）极具科学史价值。差不多同时期，我国东汉思想家王充（27－约97）约于公元86年写成了包含85篇文论的《论衡》一书。你看这名字，就知道它和西人的 Metrica 有共通之处。再看章节名，寒温篇、变动篇、感类篇、谈天篇、说日篇，有没有物理书的感觉？这样一部关于自然科学原始思考的书，两千年来被只识几个汉字的儒生给读歪了。天曾降先哲于中华，奈何俗物不识人、不识货，惜乎痛哉。

建议阅读

[1] Keith Kendig. Is a 2000-Year-Old Formula Still Keeping Some Secrets? The American Mathematical Monthly, 2000, 107(5): 402-415.

[2] Héron d'Alexandrie. Metrica（度量）. Fabio Acerbi, Bernard Vitrac (eds.). Fabrizio Serra Editore, 2014.

10 不着一字的证明

不着一字的证明，才见证明者学问通透的风流。

无字证明，具象的直觉

1. 无字证明

欧几里得的几何体系教会人们从一些公理出发去推导和证明很多结果。几何证明，尤其是平面几何证明，可以轻松地落实到纸面上。平面几何图解可以用来证明几何问题，也可以用来证明一些代数问题。倘若那证明能够做到一目了然，便无需着一字，算是做到了proof without words。

不着一字的证明有不少。有些无字证明能让人会心一笑，甚至忍不住击节叫好。比较著名的无字证明包括毕达哥拉斯定理的一些证明。图1中一大一小两个正方形搭上四个三角形，一个斜立的正方形搭上四个三角形。设左边图中的小正方形边长为 a，大正方形边长为 b，以平方（square）的定义可知，这图的意思是说 $(a+b)^2 = a^2 + b^2 + 2ab$。设右边图中直角三角形的直边分别为 a 和 b，斜边为 c，显然右图的意思是 $c^2 + 4 \times \frac{1}{2}ab = (a+b)^2$。由此得 $a^2 + b^2 = c^2$，QED。

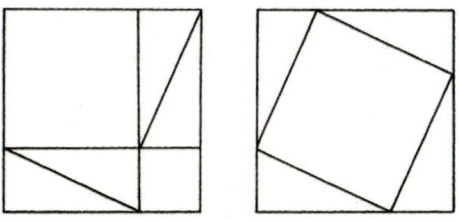

图1 勾股定理的证明

当然了，勾股定理的证明方式多着呢，读者不妨自己试着构造一个无字的证明。

图2中的画图设备是可将角度三等分的装置（trisector）。从铰链连接处开始等长的地方，设距离为 ℓ，在四个腿儿上攻螺孔，然后将长度为 ℓ 的四根连杆用螺丝连到腿上，相隔的两个连杆的顶端相连且被约束到中间的腿儿上，不过允许自由滑动。因为菱形的对角线总是平分夹角，这样的结构就总是能三等分这个角。怎么样，有没有觉得给出这个方案的人（Rufus Isaacs）匠心独具？

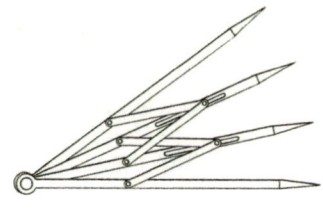

图2 三等分角的装置

好玩的无字证明有很多。再撷取几例，读者可试着欣赏证明人的别出心裁之处。

图3是证明求和极限 $\frac{1}{2} + \frac{1}{4} + \frac{1}{8} + \frac{1}{16} + \cdots = 1$ 的图解。

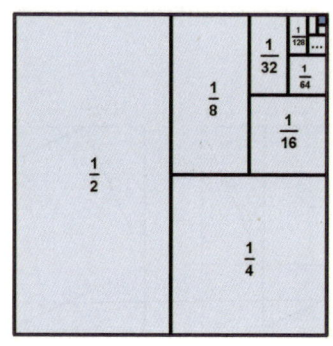

图3 求和极限 $\frac{1}{2} + \frac{1}{4} + \frac{1}{8} + \frac{1}{16} + \cdots = 1$ 的证明

可以这么理解，拿一张正方形的纸，边长为单位长度，则面积为1。将其自中间半分，其一半面积为1/2，保持不动；将另外一半半分，其一半面积为1/4，保持不动；将另外一半半分……依次类推。这些小块的面积依次是1/2，1/4，1/8，… 加起来还是原来的那张纸，故有

$$\frac{1}{2} + \frac{1}{4} + \frac{1}{8} + \frac{1}{16} + \cdots = 1$$

图4是关于正切半角公式的证明。会三角函数公式的读者，可能会给出如下的推导

$$\tan\frac{\theta}{2} = \frac{\sin\frac{\theta}{2}}{\cos\frac{\theta}{2}} = \frac{2\sin^2\frac{\theta}{2}}{2\sin\frac{\theta}{2}\cos\frac{\theta}{2}} = \frac{1-\cos\theta}{\sin\theta}$$

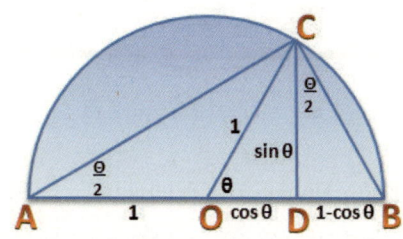

图4 正切半角公式的几何证明

从作图可一眼看出

$$\tan\frac{\theta}{2} = \frac{DB}{CD} = \frac{1-\cos\theta}{\sin\theta}$$

从这个作图可见作者对平面几何和三角函数是多么熟悉。

图5证明三角形的余弦定理。若圆直径与一任意弦相交，交点分直径与弦为两部分。如图可见，直径被分成 $(a-c)$ 和 $(a+c)$ 两部分，弦被分成b和$2a\cos\theta - b$两部分。交叉线形成的两个三角形（未画出）是相似的，因此

$(2a\cos\theta - b) : (a - c) = (a + c) : b$，故有$(2a\cos\theta - b)b = (a - c)(a + c)$。又图中的小三角形恰好就是边长为$a, b, c$，边$c$的对角为$\theta$。由$(2a\cos\theta - b)b = (a - c)(a + c)$展开，可得$c^2 = a^2 + b^2 - 2ab\cos\theta$，这就是三角形的余弦定理。其实，这个关系式就是矢量空间中矢量内积的结果。熟悉量子力学和赋范空间的读者知道，量子力学波函数的几率诠释与此有关。

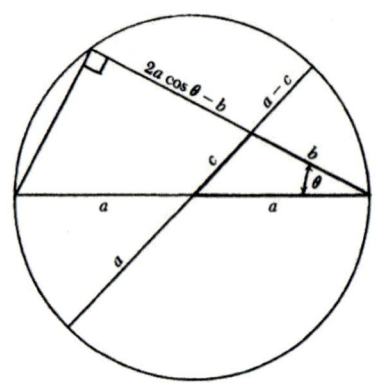

图5 三角形余弦定理的证明

图6是关于维维亚尼（Viviani）定理的证明，上图由川崎谦一郎给出，下图由沃尔夫（Samuel Wolf）给出。维维亚尼定理宣称，等边三角形内任一点到三边的垂线之和等于高。上图中证明的关键是过这一点作平行于三边的辅助线，得到三个等边三角形和三个平行四边形，转动其中一个小等边三角形120°，然后连带另一个小等边三角形转动120°，最后得到最右边的构型，结论一目了然。下图中，从等边三角形内任意一点向三边作垂线，再作一条与一边平行的线段从三角形中割出一个梯形，将梯形转到原等边三角形的另一侧再拼上，三条垂线段中的两条就连上了。连上的两条垂线段之和是左上侧的小等边三角形的高。这样，三条垂线段之和就是原来的等边三角形的高了。QED。

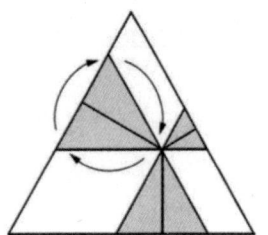 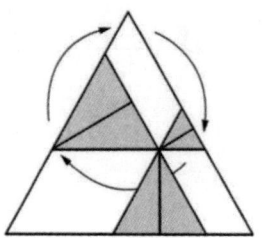 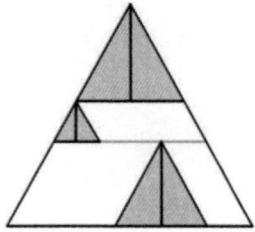

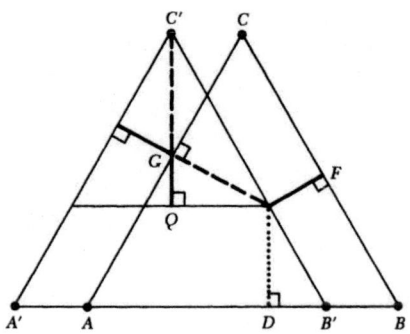

图6 Viviani 定理的证明

图7是托勒密（Ptolemy，约90–约168）定理的证明。托勒密定理是关于圆内接四边形的——圆内接四边形的对边乘积之和等于两条对角线的乘积。如图，自圆内接四边形$ABCD$的某个顶点，这里选C点，作线段交对角线BD于M，要求$\angle DCM = \angle BCA$。由此，则$\triangle CDM \backsim \triangle ABC$，$\triangle BCM \backsim \triangle ACD$。由相似三角形边的比例关系，加上$DB = DM + MB$，即得到

$$AC \cdot BD = AB \cdot CD + AD \cdot BC$$

QED。补充一句，不是所有的四边形都是圆内接四边形，但是所有的三角形都是圆内接四边形，是其中一边边长为零的、退化了的圆内接四边形。

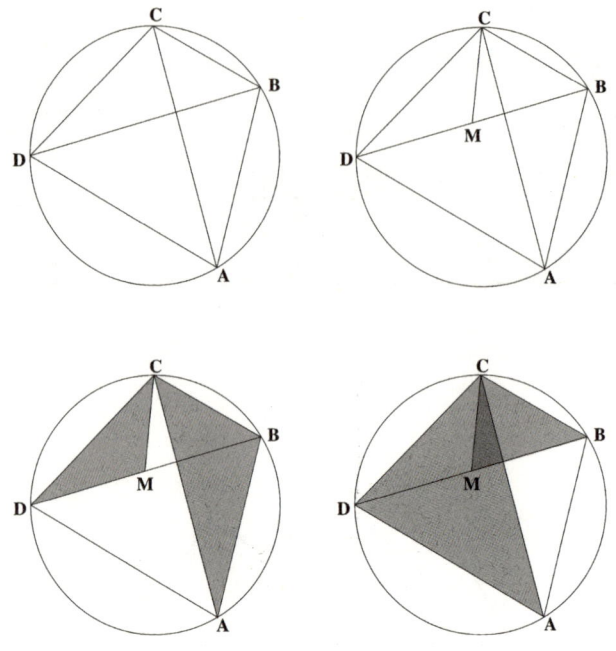

图7 托勒密定理的证明

　　最后来个复杂点儿的。关于实数，或者说线段的长度，人们早就知道有如下顺序：调和平均（HM，harmonic mean）小于几何平均（GM，geometric mean）小于算术平均（AM，arithmetic mean）小于均方根（RM，root mean square）。任意两个数 a，b，其算术平均是

$$\frac{a+b}{2}$$

几何平均是

$$\sqrt{ab}$$

均方根，即平方的算术平均的根，为

$$\sqrt{\frac{a^2+b^2}{2}}$$

至于调和平均，有人觉得字面上不好理解。调和，阴阳调和，我们老家的（古）汉语谓身体不舒服了为不调和，发音应为调（tiáo）和（huó）。这就对啦，我们把人家的 harmonic 给翻译成调和，harmonic 就是装配到位的意思。你脸上鼻子在鼻子该在的地方，眼睛在眼睛该在的地方，你的那张脸就是 harmonic，装配恰当的，就是调（tiáo）和（huó）的。harmonic mean，调和平均，此外还有调和级数（harmonic series）等概念，都与（宇宙的）装配有关，与构造（construction）有关。数的调和平均，是说该数的倒数是那些数之倒数的算术平均

$$\frac{1}{H} = \frac{1}{n}\left(\frac{1}{x_1} + \frac{1}{x_2} + \cdots + \frac{1}{x_n}\right)$$

图8给出了 $HM < GM < AM < RM$ 的无字证明，一目了然。图中圆的半径为 $\frac{a-b}{2}$，延长直径 PQ 到点 M，取 $AM = \frac{a+b}{2}$。从 M 点作圆的切线交于点 G，则

$$MG = \sqrt{\left(\frac{a+b}{2}\right)^2 - \left(\frac{a-b}{2}\right)^2} = \sqrt{ab}$$

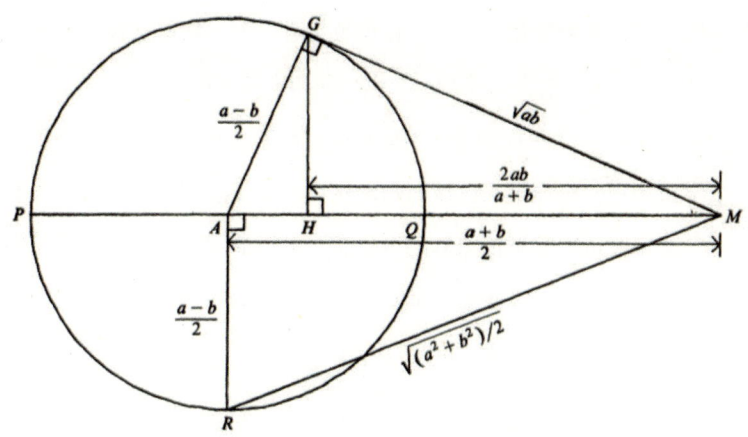

图8 两个数 a, b 的各种平均之间的关系

从G点作AM的垂线交于H点，则$\dfrac{HM}{MG}=\dfrac{MG}{MA}$，故$HM=\dfrac{2ab}{a+b}$，是调和平均。

过圆心A作PM的垂线交圆于点R，$MR=\sqrt{\left(\dfrac{a+b}{2}\right)^2+\left(\dfrac{a-b}{2}\right)^2}=\sqrt{\dfrac{a^2+b^2}{2}}$，是均方根。从直角三角形斜边大于直边的事实，容易从图中读出

$$HM < GM < AM < RM$$

读者朋友们已经注意到了，这些无字证明给我们展示的多是几何与代数的内在联系。这不奇怪，数本来就该反映物理存在的现实。

多余的话

唐司空图（837–908）《二十四诗品·含蓄》中有句云："不着一字，尽得风流。"夸的是作诗的境界。这无字的数学证明，恐怕比所谓的碑、诗或者画更多一份风流。无字证明，简单、唯美地展示了数学真理，让人有感叹 I see（我懂了）的效果。高超的证明，讲究的是灵犀一点，能刺激数学思维，让识者会心一笑。据信这种无字的证明，在古代中国、古典希腊和十二世纪的印度都有过。

有人说数学家要有图形化（to visualize）的能力，愚深以为然。与数学家相比，物理学家应该有图形化更多重复杂结构的能力，毕竟物理学家打交道的既有抽象的逻辑也有可触摸的现实。拥有图形化的能力，甚至拥有具象的直觉（visual intuitions），那是庞加莱、爱因斯坦们的物理研究能力远高于我们的地方。

建议阅读

[1] Roger B. Nelsen. Proofs Without Words: Vol.1. The Mathematical Association of American, 1993.

[2] Roger B. Nelsen. Proofs Without Words: Vol.2. The Mathematical Association of American, 2001.

[3] Roger B. Nelsen. Proofs Without Words: Vol.3. The Mathematical Association of American, 2015.

11 复数用于平面几何证明

复数是二元数，可用于表示二维矢量空间及其中的转动，这为平面几何的证明带来了很多方便。

复数，矢量，西姆森定理

1. 复数基础知识

复数是二元数，其结构为 $z = x + iy$，其中 $ii = -1$。两个复数，记为 $z = x + iy$ 和 $w = u + iv$，其加法和乘法规则分别为 $z + w = (x + u) + i(y + v)$ 和 $zw = (xu - yv) + i(xv + yu)$，都满足交换律。复数可以用来表示二维平面上的矢量，复数 $z = x + iy$ 表示的就是自原点 O 出发，指向二维平面内点 (x, y) 的一个矢量。复数有个运算复共轭，即 $\bar{z} = x - iy$。容易看出，若 $z = x + iy$ 所代表的矢量同实轴的夹角为 θ，则 $\bar{z} = x - iy$ 所代表的矢量同实轴的夹角为 $-\theta$。物理上复共轭对应镜像。复数的算法对应二维矢量空间的算法，因此复数运算很可能是有效且简便的平面几何证明工具。

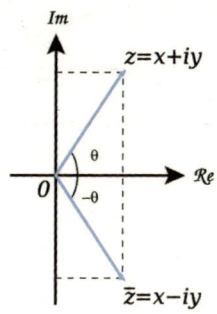

复平面上的点 $z = x + iy$，及其复共轭 $z = x - iy$

083

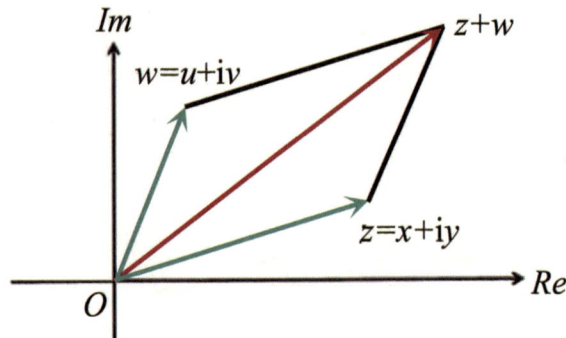

复数加法的几何意义

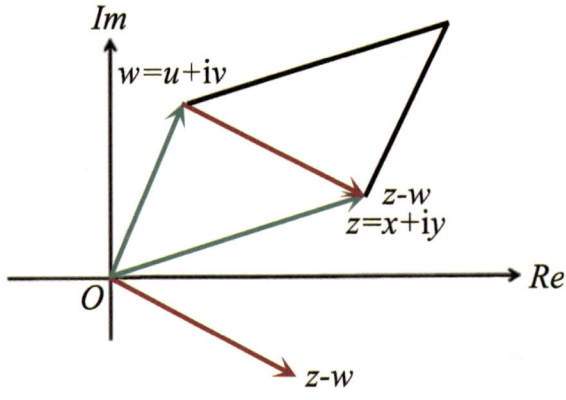

复数减法的几何意义

2. 复数用于平面几何证明

对于平面上的两点$A(x_1, y_1)$，$B(x_2, y_2)$，若用复数表示，$x_1 + iy_1$对应矢量$\boldsymbol{OA}$，$x_2 + iy_2$对应矢量$\boldsymbol{OB}$，则以$\boldsymbol{OA}$和$\boldsymbol{OB}$为两边的平行四边形之两条对角线所对应的复数分别是$(x_1 + x_2) + i(y_1 + y_2)$和$(x_1 - x_2) + i(y_1 - y_2)$。当然了，几何上的线段没有方向，而矢量可以是有方向的———个线段对应两个方向相反的矢量，或者说对应复数z和$-z$，这似乎会为用复数作平面几何证明带来一些便利。

两条直线（线段）的取向关系由它们之间的夹角所表征。特别地，当角度为90°时，两条线互相垂直；角度为0°时，两条线平行（共线是平行的特例）。从复数运算的角度来看，两个复数z和w之间的夹角可由乘积$\bar{z}w$或者$z\bar{w}$而得到。如前所述，因为$\bar{z}w$和$z\bar{w}$表示的复数是互为共轭的，它们所对应的同实轴之间的夹角相等但带相反符号。两个角度，相等但符号相反，则若它们相减为0，则必然各自为0，也就是说，两个线段平行的充要条件是其对应的复数z和w满足$\bar{z}w - z\bar{w} = 0$（自然有$z\bar{w} - \bar{z}w = 0$）。同时，取复共轭的算法只是将复数的虚部改变符号，若有$\bar{z}w + z\bar{w} = 0$，则表明$\bar{z}w$和$z\bar{w}$各自的实部必为0，也就是说复数z和w之间的夹角为90°。因此，两个线段互相垂直的充要条件是其对应的复数z和w满足$\bar{z}w + z\bar{w} = 0$。这两个条件用来进行平面几何证明会非常有效。

下面我们利用复数运算来证明西姆森（Simson）定理："自三角形外接圆上一点向三边作垂线，三个垂足共线。"证法如下：

如下页图所示，作三角形ABC的外接圆，自外接圆上不同于A，B，C的一点Z向三边作垂线交三边于D，E，F三点。若能证明线段DE和DF是平行的，则D，E，F三点是共线的。

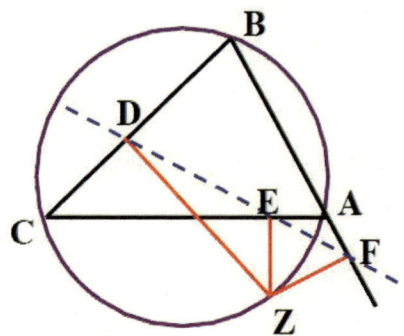

三角形外接圆上一点到三边的垂足共线

为了用复数来证明，让我们转入复数的语言。以外接圆的圆心为复平面的原点，外接圆为单位圆（你总可以这么假设），设圆上的点A，B，C和Z对应的复数分别为α，β，γ和z，满足$\alpha\bar{\alpha}=1$，$\beta\bar{\beta}=1$，$\gamma\bar{\gamma}=1$和$z\bar{z}=1$。设垂足D，E，F对应的复数分别为δ，ε，φ，由垂足的定义，利用线段互相垂直条件的复数表达$\bar{z}w+z\bar{w}=0$，容易得到

$$\delta = \frac{1}{2}(z + \beta + \gamma - \beta\gamma/z)$$

$$\varepsilon = \frac{1}{2}(z + \gamma + \alpha - \gamma\alpha/z)$$

$$\varphi = \frac{1}{2}(z + \alpha + \beta - \alpha\beta/z)$$

由此，计算线段DE对应的复数$\varepsilon - \delta$与线段DF对应的复数$\varphi - \delta$之间平行的条件，会发现

$$(\bar{\varepsilon}-\bar{\delta})(\varphi-\delta) - (\varepsilon-\delta)(\bar{\varphi}-\bar{\delta}) = 0$$

成立。命题得证。这里，一个几何问题的证明被转化成了复数的计算问题。

多余的话

　　每一滴知识的水珠可能都映照着整个知识的海洋。至少就数学和物理来说，不同知识点滴之间不会是简单地按照条块划分的，更可能的是，它们是互相纠缠的，是互为前提、（表述上）互相依赖、（进展方面）互相促进的。学习者自设藩篱，甚至误以为自己有什么专业，只会限制自己的知识境界。

建议阅读

[1]　Paul J. Nahin. An Imaginary Tale: The Story of $\sqrt{-1}$. Princeton University Press, 1998.

[2]　Simon L. Altmann. Hamilton, Rodrigues, and the Quaternion Scandal. Mathematics Magazine, 1989, 62(5): 291-308.

12 四元数非对易性

四元数是将复数拓展到三维空间的努力屡遭挫折后的恍然大悟。有了四元数以后的数系有限扩展才让人们认识到了加法、乘法还有结合律、分配律和交换律这些幺蛾子。交换服从怎样的算法，即存在什么样的对易关系，后来成了物理学的基础性概念。

代数，四元数，对易性，

格拉斯曼数，统计物理

笔者小时候学习实数（整数）的加法与乘法，学会了去计算一些结果，但没人教导关于实数及其运算的抽象规则。注意，实数包含0和1，它们分别是加法和乘法的单位元素。就加法而言，每个实数a有个逆，$-a$[*]；就乘法而言，每个（不为0的）实数a有个逆，$1/a$。乘法有分配律（distributive law），$a \times (b + c) = a \times b + a \times c$，但其实这属于加法和乘法相结合的问题；有结合律（associative law），$(a \times b) \times c = a \times (b \times c)$，就是连乘不分先后顺序。此外，还有交换律（commutative law），$a \times b = b \times a$，即乘法不分前后顺序。乘法的交换律很重要，学乘法，你得牢记$1 \times 2 = 2 \times 1$，$2 \times 3 = 3 \times 2$。

许多人都确信自己几岁的时候（3岁？5岁？）就知道这个乘法交换律了，但是很少有人会问，这么一个几岁孩童都知道的事实为什么会是数学上的一个律？在数学这个超级抽象的领域，律（law），那是随便说说的吗？一个人若认为乘法的交换律没啥不好懂的，他基本上这辈子就和数学绝缘了。

实数还有一个独特的性质，它有序（order）这个特征，是有安排好的顺序的（ordinate），比如$4.5 > 3$。对于给定顺序的两个数$b > c$：正数a与它们相乘保持这个秩序，$ab > ac$；负数a与它们相乘反转这个秩序，$ab < ac$。

---

[*]　汉语管-1，-2这样的数叫负数，有"亏欠"的意思。西语negative number中的negative，其实是no的同源词。

在解析几何中，数轴构成坐标系（coordinate system）。co-ordinate，字面意思是一起有序的，实数数轴才天然具有这样的性质。

到了十七世纪，因为解代数方程的需要，人们引入了复数系。复数 z 可表示为 $z = x + iy$，包含两个元素 (x, y)，且符号 i 满足关系式 $i^2 = -1$*。容易验证，$(a + ib)(c + id) = (c + id)(a + ib)$。复数的乘法也满足分配律、结合律和交换律。看起来，复数虽然具有两个单元，是二元数，但也没有带来什么新鲜玩意儿嘛。同志哥，可千万不能这么认为呃！复数 $x + iy$ 中的 i 定义了 x, y 之间的结构，这一点儿东西就带来了极大的复杂性。复数（complex number）的复杂性（complexity）还是有保障的。复值函数（例如著名的量子力学波函数）、复变函数和复几何，这一点点儿知识就足以把大部分人挡在数学大门之外了，而复化（complexification）的问题更是鲜有人问津。其实，你可能注意到了，复数没有顺序：$4 > 3 > 2$，但是 $4 + 3i > 3 + 2i$ does not make sense！你看，复数还是带来了新问题。

复数能描述二维平面内的转动。复数 $e^{i\theta}$ 乘上复数 z，就相当于把复数 z 代表的二维空间里的矢量逆时针转过了角度 θ。复数描述转动和振荡，给解物理学问题带来了极大的方便。为了描述三维空间内的转动，1843 年 10 月 16 日，哈密顿想到了四元数，即含有三个不同虚部的数，$Q = a + bi + cj + dk$，其中如同在复数中一样，$i^2 = -1$。这里麻烦的是，j 和 k 是新引入的和 i 具有类似性质的符号，我们可要求它们满足 $j^2 = -1$；$k^2 = -1$。但是，如果作两个四元数的乘积，除了遇到 i^2，j^2 和 k^2 可令其等于 -1 以外，还会遇到 ij，ji，jk，kj，ki 和 ik 这样的乘积。这些怪物该如何对付？

显然 ij，ji，jk，kj，ki 和 ik 这样的乘积应该落实到 i，j，k 身上，这样

---

* 最好把它写成 $ii = -I$ 的形式而不是 $i = \sqrt{-1}$，其中 I 是个单位矩阵，i 是一个物理的操作，ii 表示这个操作连续进行了两次。这样的写法能容纳更多的数学与物理。

两个四元数的乘积才是四元数。两个某种性质的数之乘积还是具有同样性质的数，这个性质牵扯到所关切之数系的封闭性问题。容易看出，实数乘积为实数，复数的乘积还是复数，所以那里没作着重强调——哪里是什么没着重强调，是那时候没意识到问题的严重性！现在，四元数有了封闭性的问题。哈密顿选择了一个乘积方案，$ij=k$，$jk=i$，$ki=j$。至于 ji，按照前述的乘法交换律，容易选择 $ji=ij$。且慢，这样选择麻烦就大了。我们发现，正确的选择应该是 $ij=-ji$，也就是说它们之间的乘积交换顺序要引入负号。这是关于交换律的新概念。这样的交换律，具有anti-commutative的性质，是反对易的（反交换的）。如何证明这一点呢？

可以用个例子作为证明。选取两个简单的四元数 $A=i+j$ 和 $B=-i+j$，$AB=-i^2+ij-ji+j^2=ij-ji$。若选择此前习惯的交换律 $ji=ij$，则有 $AB=0$。但是，A 和 B 都不是为零的四元数，它们的乘积竟然为零，这个方案带来的数学可能不是好数学，没有除法。于是乎，$ij=-ji$的方案得以保留。四元数的乘法中会有反对易的要求。这个算不算是数学证明，我觉得从demonstration的字面意义上来说它就是证明。西文证明完成后所书的QED是拉丁语quod erat demonstrandum的缩写，可见证明就是这个意思。反正，我是通过这个证明方式学会并理解四元数的反对易性问题的。这个证明，足以表现给出这个证明的人的数学天分。我读到这段内容时，随手写下的评语是a stroke of genius。

两个数的乘积，或者两个物理操作按顺序操作的结果，AB，不管这乘积到底是什么意思，总可以写成

$$AB = \frac{1}{2}(AB+BA) + \frac{1}{2}(AB-BA)$$

的形式。其中 $AB-BA$ 被称为对易式，$AB-BA=0$ 意味着 $AB=BA$；$AB+BA$

被称为反对易式，$AB + BA = 0$ 意味着 $AB = -BA$。可见对易性和反对易性可为物理操作及其操作对象提供一种分类方案。就对易式而言，笔者觉得量子力学里存在三个不同层次上的对易关系，*渐次增强的对易关系意味着不断加强的约束。一种是 $AB - BA = 0$ 形式的，这意味着 $AB = BA$，类似刷牙和洗脸这样的两个操作可以调换顺序。在量子力学中，这样的 A 和 B 两个算符具有共同本征态。一种是 $AB - BA = c$ 形式的对易式，c 是个常数（恒等算符），典型的有位置算符和动量算符的关系

$$\hat{x}\hat{p} - \hat{p}\hat{x} = i\hbar$$

$AB - BA = c$ 类似穿鞋和穿袜子之间的关系，两种顺序之间的差别是与鞋、袜不在一个层面上的某种东西。在量子力学中，所谓的海森堡不确定性原理就是从这里发挥的无聊故事。第三种是 $A_i A_j - A_j A_i = c_{ij}^k A_k$ 这样的对易关系，典型的是量子力学中的角动量对易式

$$J_i J_j - J_j J_i = i\hbar \varepsilon_{ijk} J_k$$

类似角动量满足此等交换关系的物理量都自带结构，会规定许多它该具有的性质（跟量子力学没关系，转魔方也有这种性质），此处不作深入讨论。另有一点，对应 $\hat{x}\hat{p} - \hat{p}\hat{x} = i\hbar$ 形式的对易关系而来的谐振子问题之对易关系式为 $aa^+ - a^+a = 1$。这里的算符 a^+ 和 a 分别被称为粒子的产生算符和湮灭算符。这种对易关系下的产生算符和湮灭算符所描述的粒子被称为玻色子，满足玻色－爱因斯坦统计。类似地，满足 $a^+a + aa^+ = 1$ 形式的对易关系式的产生算符和湮灭算符，其所描述的粒子被称为费米子，满足费米－狄拉克统计。我们知道，玻色－爱因斯坦统计和费米－狄拉克统计是基本粒子的重要分类特征。

---

* 有见到此前量子力学文献中有这样阐述对易性分类的，请告知。

两变量函数 $f(x, y)$，如果有性质 $f(x, y) = f(y, x)$，可称为可交换的（对易的）。函数 $f(x, y) = x^2 + y^2$ 就是对易的。$x^2 + y^2 = c$ 是圆，对易性反映在圆的对称性上。类似地，$f(x, y) = x^2 - y^2$ 就是反对易的。$x^2 - y^2 = c$ 是双曲线，反对易性反映在双曲线的对称性上。对易性（可交换性）这个性质恰是研究函数时才被重视的，commutative 这个词是法国数学家塞尔瓦（François-Joseph Servois，1767–1847）于1814年首次引入的。

反对易的数学物理对象很多。三维矢量的叉乘 $\boldsymbol{A} \times \boldsymbol{B}$，矢量外积 $\boldsymbol{A} \wedge \boldsymbol{B}$ 和微分 2 – 形式 $\mathrm{d}x_i \wedge \mathrm{d}x_j$，都是反对易的。学会了反对易关系，对理解电磁学、热力学这类学问至关重要。费米子的多体波函数必须是反对易的，旋量同反对易关系之间的关系由自旋群给出。反对易性的描述会用到格拉斯曼（Hermann Grassmann，1809–1877）数 θ，满足反对易关系 $\theta_i \theta_j = -\theta_j \theta_i$。可以看到，$\theta_i \theta_i = -\theta_i \theta_i = 0$。也就是说，格拉斯曼数是0的非零平方根。这话有点儿绕，不多说了，等大家学量子统计时再说不迟。

你看，简单的乘法交换律，后面的故事很多、很精彩吧。朋友，大海深着呢，往里游！

建议阅读

[1] William Rowan Hamilton. Lectures on Quaternions. MacMillan & Co. , 1853.

[2] Simon L. Altmann. Hamilton, Rodrigues, and the Quaternion Scandal. Mathematics Magazine, 1989, 62(5): 291-308.

[3] Douglas B. Sweetser. Doing Physics with Quaternions（预印本），2005.

13 五次代数方程无根式解

解多项式方程简直是人类智力扩展的一个可严格寻迹的案例。发祥于求解一元二次方程的努力，经由数系的扩展、数域的扩展、数学体系的扩展，谱写出一曲人类智力的赞歌。五次方程从解的寻求，到不可解的感知与证明，到理解可解与不可解，到解不可解中之可解的问题，其间峰回路转，贯穿的是一串悲剧英雄的才情燃烧和深刻洞见。探索时即便是天才也难免一脸茫然，回头再看才知端的！1995－1996年间笔者时常摆弄这个问题却一点儿头绪都没有。在资讯发达的今天，我终于可以系统追踪这个问题，并看到了一丝亮光。请你耐心地和我一起分享我的抓耳挠腮！五次多项式方程没有有限根式通解，这证明很多人也许一辈子看不懂。但你要看一次，也许你是那个将来能懂的人。最重要的是，哪怕看不懂，你也能学到很多重要的东西。

多项式方程，根式解，判别式，预解式，基本对称多项式，群论，置换（群），交替群，正规子群，伽罗瓦理论善闭无关楗而不可开，善结无绳约而不可解。

——《道德经》

1. 多项式方程

形如 $a_0x^n + a_1x^{n-1} + \cdots + a_{n-1}x + a_n = 0$ 的方程被称为一元 n 次多项式方程，其中 n 为自然数，系数 $a_0, a_1, \cdots, a_n$ 为整数。可以把

$$a_0x^n + a_1x^{n-1} + \cdots + a_{n-1}x + a_n = 0$$

两边同除以 a_0，从而改造成

$$x^n + a_1x^{n-1} + \cdots + a_{n-1}x + a_n = 0$$

的形式，此处系数 $a_1, a_2, \cdots, a_n$ 为有理数——注意，不经意间我们完成了将方程系数从整数域向有理数域的推广。我们一般都学过如何解一元二次方程 $x^2 + bx + c = 0$，有些人可能还学过解一元三次方程 $x^3 + px + q = 0$。一元三次方程的一般形式为

$$x^3 + a_1x^2 + a_2x + a_3 = 0$$

不过我们总可以用 $x - \dfrac{a_1}{3}$ 代替 x，从而将一元三次方程改写成 $x^3 + px + q = 0$ 这样的一般形式。自然，还有四次方程、五次方程、六次方程等等。任何 n

13

次多项式方程，总可以通过切恩豪斯（Ehrenfried Walther von Tschirnhaus，1651–1708）变换

$$x \mapsto x - \frac{a_1}{n}$$

使得其中 x^{n-1} 项的系数为零。在数学史上，关于多项式方程解的问题曾上演过多出荡气回肠的悲喜剧，有不少著名的数学家都围绕这个问题挥洒过过人的才华。这其中，尤以法国数学家伽罗瓦的事迹催人泪下。

在深入讨论多项式方程的解之前，笔者先和大家分享一个如何记住这些方程与解的公式的诀窍——一个基于物理学家视角的记忆诀窍。**因为不容易记住一些方程或者公式，许多人早在用尽自己的聪明才智之前就从学习数学的道路上退却了，殊为可惜。**关于这一点，数学家难辞其咎。在数学家眼里，方程 $x^n + a_1 x^{n-1} + \cdots + a_{n-1} x + a_n = 0$ 里的变量 x 和系数 $a_1, a_2, \cdots, a_n$，以及由它们组合而来的各种项，不过就是个数而已。可是，如果我们引入物理的观点，把变量 x 和系数 $a_1, a_2, \cdots, a_n$ 都看成一个一个的物理量，事情会变得明晰得多也容易得多。出于个人习惯，笔者总是把变量 x 看成表示长度的量，具有长度量纲 L。因为加法要求具有相同量纲的物理量相加才有意义，因此方程 $x^n + a_1 x^{n-1} + \cdots + a_{n-1} x + a_n = 0$ 中每一项的量纲都是 L^n；相应地，系数 a_1 的量纲是 L，系数 a_2 的量纲是 L^2……依此类推，系数 a_n 的量纲是 L^n。在接下来的求解过程中出现的任何表达式，其相加减的项都应该具有相同的量纲。

比如，在解三次方程 $x^3 + px + q = 0$ 的过程中，会出现 $\frac{p^3}{27} + \frac{q^2}{4}$。如果记得系数 p 的量纲是 L^2，系数 q 的量纲是 L^3，我们就会判断 $\frac{p^3}{27} + \frac{q^2}{4}$ 的表达原则上是正确的，而不会如我从前那样有时候会记成 $\frac{p^2}{27} + \frac{q^3}{4}$。

2. 解一元二次方程

一元二次方程

$$x^2 + bx + c = 0$$

在古巴比伦人那里就得到了系统研究。在出土的约公元前1600年的巴比伦泥板上，据说有"数之平方比其自身多870"这样的题，写成当代数学的形式，就是 $x^2 - x = 870$。巴比伦人还给出了详细的解法以及结果 $x = 30$。

方程 $x^2 + bx + c = 0$ 的通解容易通过配平方得到

$$x_1 = \frac{-b + \sqrt{b^2 - 4c}}{2}, \ x_2 = \frac{-b - \sqrt{b^2 - 4c}}{2}$$

这个表达式出现在公元一世纪的古希腊。在负数尚未被引进的年代，或者变量x明确是类似长度这样的物理量时，x为负数的解会被舍弃。比如方程 $x^2 - x = 870$ 的两个解分别是$x_1 = 30$和$x_2 = -29$，但巴比伦人只关切解$x_1 = 30$。他们当时考虑的问题中，x就是某个城池或者某块田地的边长。

我们还经常会遇到 $b^2 - 4c < 0$ 的情形，这时候$\sqrt{b^2 - 4c}$没意义，因为没有一个数的平方是负的。这时候，人们就宣称方程 $x^2 + bx + c = 0$ 无解。就x是实数的情形而言，这个做法是合情合理的。

今天我们知道，若$b^2 - 4c < 0$，根

$$x_1 = \frac{-b + \sqrt{b^2 - 4c}}{2}, \ x_2 = \frac{-b - \sqrt{b^2 - 4c}}{2}$$

为复数，我们说方程 $x^2 + bx + c = 0$ 有一对复数根。但是，坚持负数开根号还有意义，或者说坚持引入 $\sqrt{-1} = i$ 有其合理性，那是研究一元三次方程才遇到的问题。读者朋友千万不要依据一般书中的单位虚数 i 的定义，$\sqrt{-1} = i$ 或者 $i^2 = -1$，想当然地以为它是在解一元二次方程时引入的。

量 $\Delta = b^2 - 4c$ 被称为 discriminant，汉译判别式。Δ 可以用来区分方程的根：若 $\Delta > 0$，方程有两个不同的实数根；$\Delta = 0$，方程有两重的实数根；$\Delta < 0$，方程有两个不同的虚数根。discriminant 不是要判别什么，而是要将两个根加以区别。

许多书本介绍一元二次方程就到此为止了。其实还有很多的内容我们没注意到，因为对付这么简单的方程那些内容不是显而易见的。真正的研究者才能从中看出端倪。那些内容对解更高次方程，以及建立一般的方程解理论，是必要的基础。

设若一元二次方程的两个解分别是 x_1，x_2，则方程就是

$$(x - x_1)(x - x_2) = 0$$

如果一元二次方程的一般形式为 $x^2 - s_1 x + s_2 = 0$，则必有

$$s_1 = x_1 + x_2, \quad s_2 = x_1 x_2$$

s_1 和 s_2 被称为基本对称多项式（elementary symmetry polynomial），这个概念很重要。注意到将 (x_1, x_2) 作置换变成 (x_2, x_1)，s_1 和 s_2 不变，所以置换（permutation，字面意思是彻底改变）的概念很重要。此外，在方程的一般形式 $x^2 - s_1 x + s_2 = 0$ 中，s_1 和 s_2（高次方程会有更多的基本对称多项式）前面的符号是正负交替的，所以"交替的（alternating）"概念很重要。再者，若 $b^2 - 4c < 0$，两个复数根可以写成 $\alpha + i\beta$ 和 $\alpha - i\beta$ 的形式，这样的一对复数是共轭的（conjugate）。其实 $a + b\sqrt{d}$，$a - b\sqrt{d}$ 这样的一对实数都可以称为共轭的，体现的是加减是一对互逆运算的事实。一对共轭数表达的和与积不再有平方根。因此，共轭的概念很重要。置换、交替的、共轭的，这些在一元二次方程中都存在却鲜被提及的内容，是未来理解高阶方程（不）可解性问题的基础概念。

还有一个基本问题——数域和数系的扩展问题。$ax^2 + bx + c = 0$ 中的系数可都是整数，而 $x^2 + bx + c = 0$ 中的系数要求为有理数即可。这是数域的扩展。方程中未知数的次幂都是整数，而在解中就出现了开（平方）根。根式 $\sqrt[q]{x^p}$ 就是 $x^{\frac{p}{q}}$，其实就是将次幂（乘积）的表达从整数扩展到了有理数。到目前为止，我们都在谈论有理数，或者再进一步地扩展为实数。但当 $b^2 - 4c < 0$ 时，方程有两个复数根，我们又引入了复数。实数是一元数，而复数 $z = a + ib$ 有两个部分，是二元数。这里又牵扯到数系的扩展。

回到方程的解。$s_1 = x_1 + x_2$，$s_2 = x_1 x_2$，可见

$$(x_1 - x_2)^2 = s_1^2 - 4s_2$$

也是对根的置换不变的。进一步地

$$x_1 - x_2 = \sqrt{s_1^2 - 4s_2}$$

配合

$$x_1 + x_2 = s_1$$

$$x_{1,2} = \frac{1}{2}\left[(x_1 + x_2) \pm \sqrt{(x_1 + x_2)^2 - 4x_1 x_2}\right] = \frac{s_1 \pm \sqrt{s_1^2 - 4s_2}}{2}$$

你看，两个解的差——对于高次方程是不同组合的两个解之差的乘积

$$\delta = \prod_{j < k}(x_j - x_k)$$

其平方是解的判别式，是非常重要的内容。这里暗含的思想是，方程的解是用方程的系数（不过系数是作为解的基本对称多项式出现的）表达的。也就是说，解是用尚未求出的解以某种模式表达的，这个弯儿连数学家一时都转不过来——稍后我们会看到这个天才思想的威力。其实也好理解，**方程有没有解是由方程的结构决定的，而与具体的解无关**。方程的解用未知的解来表达，反映的就是方程的内禀结构。至于到底是否存在这种表达，即是否有代数解，要由基本对称多项式的某些置换对称性来决定。这个说法为时尚早，

只有当方程变到高次难以求解时，我们才能理解这些内容的深刻意义，也才能深切体会那些想到这些问题的数学家的天才。

总结一下。简单的一元二次方程的解，就引入了基本对称多项式、置换对称性、交替的、共轭的、判别式等重要概念，还带来了数域与数系的拓展（如何获得这样的进展才是该学的）。这些概念会引领着我们去求解更复杂的代数方程。想到我从前刚学会解一元二次方程时的得意，羞愧之情油然而生。

3. 解一元三次方程

古希腊人也会用几何方法解三次方程（代数方程本身就源自几何问题，阿贝尔、伽罗瓦的原始文献都提到几何学家在思考代数方程解的问题），为此会用到圆锥曲线的交点。代数法解三次方程，则要等到十六世纪。复兴*时期意大利博洛尼亚的数学家发现三次方程可以约化成

$$x^3 + px = q$$

$$x^3 = px + q$$

$$x^3 + q = px$$

三种形式，这里 p，q 都是正整数，因为那时候还没引入负数的概念。费罗（Scipione del Ferro, 1465–1526）会解这三种形式的方程，并把方法传给了学生费奥尔（Antonio Fior, 1506–？）。1535年，塔尔塔亚（Niccolò Fontana，约1499–1557，其外号Tartaglia，即结巴，文献多以这个外号称呼他）重又发

---

* Renaissance, 再生、复兴。（罗马的）复兴是全面的复兴，且首先是科学的复兴。将 Renaissance 译成"文艺复兴"给中国人理解那一段文化史带来了极大的误会。这种翻译，类似将 plasma 译成"等离子体"，是一种随意强加限制的翻译，笔者称之为污蔑式翻译，后患无穷。

现了三次方程的解，在1530年解出了方程 $x^3 + 2x^2 = 5$。塔尔塔亚与费奥尔拿解三次方程作赌局，塔尔塔亚只给结果不泄露解法。最后，塔尔塔亚还是被说服了，把解法告诉了医师卡尔达诺（Girolamo Cardano，1501–1576）。卡尔达诺是个天才加流氓的混合型人才，他1545年出版的Ars Magna（《大术》）一书就有关于塔尔塔亚解法的详细讨论，当然言明了这是塔尔塔亚发现的方法。《大术》一书还介绍了费拉里（Lodovico Ferrari，1522–1565）发现的将四次方程约化为三次方程的方法。

一元三次方程 $x^3 + px + q = 0$ 的通解，所谓的卡尔达诺公式，形式为

$$x = \sqrt[3]{-\frac{q}{2} + \sqrt{\frac{p^3}{27} + \frac{q^2}{4}}} + \sqrt[3]{-\frac{q}{2} - \sqrt{\frac{p^3}{27} + \frac{q^2}{4}}}$$

我宁愿将这个公式写成

$$x = \sqrt[3]{-\frac{q}{2} + \sqrt{\left(\frac{p}{3}\right)^3 + \left(\frac{q}{2}\right)^2}} + \sqrt[3]{-\frac{q}{2} - \sqrt{\left(\frac{p}{3}\right)^3 + \left(\frac{q}{2}\right)^2}}$$

的样子，这样我们就能看透这公式的奥秘：它包含两项，每一项都是三次根号下含有二次根式。三次根式下的量，其量纲必须和 q 的量纲相同，为 L^3，则其下二次根式里的项的量纲必须为 L^6。用 $\frac{q}{2}$ 和 $\frac{p}{3}$ 来表达且要满足上面的要求，回头再看看卡尔达诺公式，就觉得它很合理了。注意，这个解的形式的关键是，用根式套根式来表达。未来关于五次方程不可解的理论中，正规子群的概念或于此可见端倪。

如何得到卡尔达诺公式呢？对一般形式 $x^3 + px + q = 0$，设解的形式为

$$x = \sqrt[3]{u} + \sqrt[3]{v}$$

代入该方程，得

$$(u + v + q) + (\sqrt[3]{u} + \sqrt[3]{v})(3\sqrt[3]{u}\sqrt[3]{v} + p) = 0$$

可要求

$$\begin{cases} u+v+q=0 \\ 3\sqrt[3]{u}\sqrt[3]{v}+p=0 \end{cases} \quad \text{也即} \quad \begin{cases} u+v=-q \\ uv=-\dfrac{p^3}{27} \end{cases}$$

将上式中的第一式乘以 u，同第二式相减消去 uv，得方程

$$u^2+qu-\frac{p^3}{27}=0$$

进而得到

$$u=-\frac{q}{2}\pm\sqrt{\frac{p^3}{27}+\frac{q^2}{4}}, \quad v=-\frac{q}{2}\mp\sqrt{\frac{p^3}{27}+\frac{q^2}{4}}$$

于是得到卡尔达诺公式。这里 u,v 表达式里的 ± 号互换，不影响结果，因此实际上是一个根。知道了三次方程的一个根 x_1，可以用 $x^3+px+q=0$ 除以 $(x-x_1)$ 得到一个二次方程，从而得到另外两个根。

但是，解三次方程过程中，当出现 $\left(\dfrac{p}{3}\right)^3+\left(\dfrac{q}{2}\right)^2<0$ 时，又遇到了负数开平方的问题。这回不能简单地一扔了之了，因为当 $\left(\dfrac{p}{3}\right)^3+\left(\dfrac{q}{2}\right)^2<0$ 时，三次方程可能依然有三个根。卡尔达诺在《大术》一书中就注意到了，对于方程 $x^3-15x-4=0$，按照他的公式应有

$$x=\sqrt[3]{2+\sqrt{-121}}+\sqrt[3]{2-\sqrt{-121}}$$

此时似乎不能因为遇到负数开平方根就简单地判定方程无解，它分明有解 $x=4$。1560年，邦贝利（Rafael Bombelli，约1526–1572）发现

$$\left(2\pm\sqrt{-1}\right)^3=2\pm\sqrt{-121}$$

只要不问负数开平方根的意义闷头往下算，就可以找到解 $x=4$。这样做，是把 $\sqrt{-1}$ 这样的对象也当作某种数处理，这就导出了虚数的概念。关于如何处理虚数、复数的问题，邦贝利1572年出版的《代数》（L'algebra）一书

始有论述。

不妨这样想，构造已知实数根是 x_1，x_2，x_3 的三次方程

$$(x - x_1)(x - x_2)(x - x_3) = 0$$

这样的方程很容易遇到 $\left(\dfrac{p}{3}\right)^3 + \left(\dfrac{q}{2}\right)^2 < 0$ 的情形，但三个实数根分明就在那里。这时候，人们就必须严肃对待负数的平方根了。定义 $\sqrt{-1} = i$ 为单位虚数（虚数是瑞士数学家欧拉1777年给取的名字），发现代数方程一般解的形式是复数 $a + ib$。复数概念的引入，不仅开启了数系向四元数和八元数的拓展，带来了复分析，它还是物理学的基本要素。量子力学的关键概念是波函数，单分量的波函数是复值函数，作为泡利方程和狄拉克方程解的多分量波函数是旋量，而旋量是四元数的作用对象（operand）。由此开辟的新天地太广阔了，此处不作详细介绍，有兴趣的读者请参阅拙著《云端脚下》。

解 $x^3 + bx^2 + cx + d = 0$ 的一般过程如下：

（1）计算 $\Delta_0 = b^2 - 3c$ 和 $\Delta_1 = 2b^3 - 9bc + 27d$

（2）进而计算 $C = \sqrt[3]{\dfrac{\Delta_1}{2} \pm \sqrt{\left(\dfrac{\Delta_1}{2}\right)^2 - \Delta_0^3}}$

则三个根可表示为

$$x_k = -\frac{1}{3}\left(b + \xi^k C + \frac{\Delta_0}{\xi^k C}\right)$$

其中 $k = 0$，1，2；$\xi = -\dfrac{1}{2} + \dfrac{\sqrt{3}}{2}i$ 是 $x^3 = 1$ 的解。此处我们已经接受复数的概念了。这个解的通式只对 $C \neq 0$ 成立。若 $\Delta_0 = 0$，$\Delta_1 = 0$，方程有三重根 $-\dfrac{b}{3}$。若 $\Delta_0 \neq 0$，但是 $\Delta_1^2/4 - \Delta_0^3 = 0$，则方程有一个根 $(4bc - 9d - b^3)/\Delta_0$ 和一个二重根 $(9d - bc)/2\Delta_0$。

13

解三次多项式方程另有韦达（François Viète, 拉丁语写为Franciscus Vieta, 1540–1603）法。看看三次方程 $x^3 + px + q = 0$ 的模样，看看 $x^3 = 1$ 的三个解 1，$e^{i2\pi/3}$，$e^{i4\pi/3}$ 和欧拉公式 $e^{ix} = \cos x + i\sin x$，笔者猜测这几项内容是导致三次多项式方程韦达解法的原因。其主旨是使得方程 $x^3 + px + q = 0$ 与恒等式 $4\cos^3\theta - 3\cos\theta - \cos(3\theta) = 0$ 形式上一致。恒等式 $4\cos^3\theta - 3\cos\theta - \cos(3\theta) = 0$ 来自展开式

$$\cos(3\theta) = 4\cos^3\theta - 3\cos\theta$$

将 $\cos\theta$ 当成变量，且若能使得 $\cos(3\theta)$ 是常数的话，这个恒等式就是三次多项式方程的一般形式。令 $x = 2\sqrt{-\dfrac{p}{3}}\cos\theta$，代入方程 $x^3 + px + q = 0$，得

$$4\cos^3\theta - 3\cos\theta - \frac{q/2}{p/3}\sqrt{-\frac{3}{p}} = 0$$

所以必须有 $\cos(3\theta) = \dfrac{q/2}{p/3}\sqrt{-\dfrac{3}{p}}$，得

$$\theta = \frac{1}{3}\left(\arccos\left(\frac{q/2}{p/3}\sqrt{-\frac{3}{p}}\right) + \frac{2\pi k}{3}\right)$$

其中 $k = 0$，1，2。于是，可得到三个根

$$x = 2\sqrt{-\frac{p}{3}}\cos\left[\frac{1}{3}\left(\arccos\left(\frac{q/2}{p/3}\sqrt{-\frac{3}{p}}\right) + \frac{2\pi k}{3}\right)\right], \quad k = 0,\ 1,\ 2$$

这是有三个实根的情形。如果遇到 $\left(\dfrac{p}{3}\right)^3 + \left(\dfrac{q}{2}\right)^2 > 0$ 的情形，则只有一个实根，可表示为

$$\text{若 } p < 0,\ x_0 = -2\frac{|q|}{q}\sqrt{-\frac{p}{3}}\cosh\left[\frac{1}{3}\left(\text{arcosh}\left(\frac{|q|/2}{p/3}\sqrt{-\frac{3}{p}}\right)\right)\right]$$

$$\text{若 } p > 0, \quad x_0 = -2\sqrt{\frac{p}{3}}\sinh\left[\frac{1}{3}\left(\operatorname{arsinh}\left(\frac{q/2}{p/3}\sqrt{\frac{3}{p}}\right)\right)\right]$$

这个公式用到了双曲函数 sinh 和 cosh，有点儿吓人。其实，只要知道三角函数 cos，sin 与双曲函数 cosh，sinh 只不过是变量为实数还是虚数的差别，这些公式本身就是一致的。韦达法思路清晰，中心思想就是把三次方程改造成 $\cos(3\theta)$ 展开式的形式。

4. 解一元四次方程

一元四次多项式方程 $x^4 + bx^3 + cx^2 + dx + e = 0$ 总可以通过变换 $x \mapsto x - \dfrac{b}{4}$ 约化为 $x^4 + cx^2 + dx + e = 0$ 的形式（depressed quartic）。如果碰巧是 $x^4 + cx^2 + e = 0$ 的形式，则被称为双二次型的（biquadratic），它其实是变量为 x^2 的二次方程，因而容易求解，可不论。一元四次方程的解最先由费拉里于1540年发现，发表于卡尔达诺的《大术》一书中。对方程

$$x^4 + cx^2 + dx + e = 0$$

配平方，得

$$\left(x^2 + \frac{c}{2}\right)^2 = -dx - e + \frac{c^2}{4}$$

将左侧平方项中再引入一个待定常数 m，变成

$$\left(x^2 + \frac{c}{2} + m\right)^2 = m^2 + cm + 2mx^2 - dx - e + \frac{c^2}{4}$$

我们看到右侧是关于 x 的二次函数形式，假设它可以写成完全平方的形式，则要求

$$(-d)^2 - 4 \times 2m\left(m^2 + cm + \frac{c^2}{4} - e\right) = 0$$

这是一个关于 m 的三次方程，是可解的。对于任何解得的 m，原方程变为

$$\left(x^2 + \frac{c}{2} + m\right)^2 = \left(\sqrt{2m}\, x - \frac{d}{2\sqrt{2m}}\right)^2$$

的形式，两边开根号，就得了两个二次方程，进一步地可求得方程的四个解，可表示为

$$x = \frac{\pm_1 \sqrt{2m} \pm_2 \sqrt{-(2c + 2m \pm_1 \sqrt{2}\, d/\sqrt{m})}}{2}$$

其中 $\pm_1$，$\pm_2$ 表示在这两处独立取 $+$，$-$ 号，故有四种组合。注意，上式中有除以 $\sqrt{m}$ 的问题，$m = 0$ 来自 $d = 0$。但是若 $d = 0$，方程变为双二次型 $x^4 + cx^2 + e = 0$，可直接求解，无需用到这个方法，故除以 $\sqrt{m}$ 不会造成任何困难。

1637年，笛卡尔提供了另一个求解四次多项式方程的方法。直接分解四次函数为二次函数乘积的形式

$$x^4 + cx^2 + dx + e = (x^2 - ux + t)(x^2 + ux + v) = 0$$

这要求 $c + u^2 = t + v$；$d = u(t - v)$，$e = tv$。因此有关系式

$$u^2(c + u^2)^2 - d^2 = 4u^2 e$$

这是一个关于 u^2 的三次方程

$$(u^2)^3 + 2c(u^2)^2 + (c^2 - 4e)u^2 - d^2 = 0$$

它是可解的。对于给定的 u

$$2t = c + u^2 + d/u$$

$$2v = c + u^2 - d/u$$

注意，对于给定的 u^2，虽然 u 有正负两种取值方式，但是调换 u 和 $-u$ 只是

调换了 t 和 v 的角色，因此还是得出同样的方程分解式。

欧拉也提供了四次方程的一个解法。由假设

$$x^4 + cx^2 + dx + e = (x^2 - ux + t)(x^2 + ux + v) = 0$$

出发（这个假设是借助 c，d，e 来决定 u，v，t 三个待定系数），设 x_1，x_2 是 $(x^2 + ux + v) = 0$ 的两个根，设 x_3，x_4 是 $(x^2 - ux + t) = 0$ 的两个根。显然，$-(x_1 + x_2)(x_3 + x_4) = u^2$ 是三次方程

$$(u^2)^3 + 2c(u^2)^2 + (c^2 - 4e)u^2 - d^2 = 0$$

的一个解。但这个方程有三个解，因此另两个应该是组合 $-(x_1 + x_3)(x_2 + x_4)$ 和 $-(x_1 + x_4)(x_2 + x_3)$。假设方程 $(u^2)^3 + 2c(u^2)^2 + (c^2 - 4e)u^2 - d^2 = 0$ 的解为 $u^2 = \alpha$，β，γ 三种可能，则有 $(x_1 + x_2) = \sqrt{\alpha}$，$(x_1 + x_3) = \sqrt{\beta}$，$(x_1 + x_4) = \sqrt{\gamma}$，以及 $x_1 + x_2 + x_3 + x_4 = 0$。在选择根的时候，可以要求 $\sqrt{\gamma}$ 取 $-\dfrac{d}{\sqrt{\alpha}\sqrt{\beta}}$ 的值。实际上，这就是

$$\sqrt{\alpha}\sqrt{\beta}\sqrt{\gamma} = x_1x_2x_3 + x_1x_2x_4 + x_1x_3x_4 + x_2x_3x_4$$

这个关于根的三三乘积的表达式，还有 $(x_1 + x_2)(x_3 + x_4)$，$(x_1 + x_3)(x_2 + x_4)$，$(x_1 + x_4)(x_2 + x_3)$ 这三种两两组合，大有深意，在方程论中以及证明五次方程无有限根式通解时会有用。宋玉《风赋》云："夫风生于地，起于青蘋之末。"信亦哉。

拉格朗日关于四次方程的研究引入了解式*法。将方程

$$x^4 + cx^2 + dx + e = 0$$

的四个解 x_1，x_2，x_3，x_4 根据克莱因群作变换的性质（暂时别管这是什么意思），组合出

---

*　resolvent，解式。有人把它译为"预解式"，但字面上没有"预"字。这种强加其它内容的翻译不可取。

$$s_1 = \frac{1}{2}(x_1 + x_2 + x_3 + x_4)$$

$$s_2 = \frac{1}{2}(x_1 - x_2 - x_3 + x_4)$$

$$s_3 = \frac{1}{2}(x_1 + x_2 - x_3 - x_4)$$

$$s_4 = \frac{1}{2}(x_1 - x_2 + x_3 - x_4)$$

此处的量 s_1，s_2，s_3，s_4 可唯一地决定 x_1，x_2，x_3，x_4。已知 $s_1 = 0$，是方程中 x^3 项的系数。另外三个量 s_2，s_3，s_4 必是多项式方程

$$(s^2 - s_2^2)(s^2 - s_3^2)(s^2 - s_4^2) = 0$$

的根。将 s_2，s_3，s_4 的表达式代入，再将展开过程中得到的 x_1，x_2，x_3，x_4 的基本对称多项式用 c，d，e 替代，发现最后得到的就是方程

$$(s^2)^3 + 2c(s^2)^2 + (c^2 - 4e)s^2 - d^2 = 0$$

这个方程就是出现在欧拉解法中的

$$(u^2)^3 + 2c(u^2)^2 + (c^2 - 4e)u^2 - d^2 = 0$$

这里的问题是，拉格朗日触及了解多项式方程的核心了：基本对称多项式、解式、（置换）群。1765年，法国数学家贝祖（Etienne Bezout，1730–1783）也找到了一个求解四次方程的方法。

顺便说一句，复数域之上的多项式方程总有复数解，且解是共轭的，这是代数基本定理。高斯1799年在博士论文中给出了证明，此后又给出三种不同的证明。高斯的证明用到了拓扑学。瑞士数学家阿尔冈（Jean-Robert Argand，1768–1822）1814年证明了 n 次多项式方程有 n 个（复数）根，这是第一个正确的证明。

人们曾经以为所有的多项式方程都是代数可解的，只是难易程度不同而已。从二次、三次、四次代数方程来看，确实是这样。

5. 解五次方程

现在人们已经成功给出了二次、三次和四次多项式方程的通解表达式，自然下一步是向五次多项式方程进军。不过，接下来的一百多年里进展不是很顺利。瑞典隆德大学历史老师布林（Erland Samuel Bring，1736–1798）找到了一个变换，可以把五次方程约化到 $x^5 + px + q = 0$，不过这看似把问题弄简单了但实际上于事无补。欧拉发现 $x^5 - 5px^3 + 5p^2x - q = 0$ 是可解的，但这是特例。欧拉未能解一般的五次方程，尽管在研究过程中他找到了解四次方程的新方法。

法国人范德蒙德（Alexandre-Theophile Vandermonde，1735–1796）和英国人华林（Edward Waring，1734–1798）怀疑到底五次多项式方程是否也有表达看起来挺对称的根式通解。拉格朗日捡起了这个思想，才有了《关于方程代数解的思考》（Réflexions sur la résolution algébrique des équations）一文。拉格朗日对根的置换作了深入的讨论，认识到方程的性质及其可解性依赖于解（某种组合）的置换对称性。他发现，方程是否可解都在于找到方程根的置换不变的函数（未来伽罗瓦只需要读懂这个概念），但是这对五次多项式方程失效。此时，人们似乎已经感觉到五次方程没有根式通解。高斯说，也许不难严格证明五次方程的通解不能表达为代数公式，但说过就没了下文。

5.1 拉格朗日的总结

拉格朗日在1770–1771年间将解四次以下多项式方程的各种技巧放在一起考察。他发现，一个 n 次代数方程，用其可能的根来表示，形式应为

$$\prod_{i=1}^{n} (x - x_i) = 0$$

也即

$$x^n + \sum_{i=1}^{n} (-1)^i s_i x^{n-i} = 0$$

其中 s_i 称为基本对称多项式。既然方程的形式为

$$\prod_{i=1}^{n} (x - x_i) = 0$$

那解之差（的某种函数）可能就意味着什么。定义

$$\delta = \prod_{j<k} (x_j - x_k)$$

$\Delta = \delta^2$ 是判别式。显然，如果方程有重根，$\Delta = 0$。对于最简单的二次代数方程来说 $\delta = x_1 - x_2$，则

$$\Delta = (x_1 - x_2)^2 = (x_1 + x_2)^2 - 4x_1 x_2 = s_1^2 - 4s_2$$

即人们熟悉的 $b^2 - 4ac$ 或者 $b^2 - 4c$。对于三次方程

$$\Delta = s_1^2 s_2^3 + 18 s_1 s_2 s_3 - 27 s_3^2 - 4 s_1^3 s_3 - 4 s_2^3$$

如果一个 n 次多项式方程的伽罗瓦群包含于交替群 A_n，Δ 会是个完全平方数。

拉格朗日引入了多项式的解式的概念。解式也是多项式。解式的解能用来解原来的多项式方程。比如 $x^2 - \Delta$ 是交替群的解式。三次方程的解式 $x^2 - \Delta$ 称为二次解式（quadratic resolvent），其根出现在三次方程的根的表达式里。四次方程的解式称为三次解式（cubic resolvent），那是拥有8个元素的 D_4 群的解式。对于 $x^4 + cx^2 + dx + e = 0$，解式的一个选择是

$$R(x) = 8x^3 + 8cx^2 + (2c^2 - 8e)x - d^2$$

当解式的阶次比原来多项的阶次低时，就可以用低次多项式方程的根去解高次多项式方程。

拉格朗日研究二次和三次多项式方程的解时，发现了一个模式。将 n 次

多项式方程可能的解与方程 $x^n = 1$ 的 n 个解作为矢量的内积求其 n 次方，有如下结果：

二次方程　　$(x_1 - x_2)^2$　　　　　　　　　　　　2 个根置换只得出 1 个值

三次方程　　$(x_1 + \omega x_2 + \omega^2 x_3)^3$　　　　　　　3 个根置换只得出 2 个值

四次方程　　$(x_1 + i x_2 + i^2 x_3 + i^3 x_4)^4$　　　　　4 个根置换只得出 3 个值

五次方程　　$(x_1 + \zeta x_2 + \zeta^2 x_3 + \zeta^3 x_4 + \zeta^4 x_5)^5$　　5 个根置换得出 24 个值

你看，到五次方程的时候，事情突然变得可怕了。

后来，凯莱于 1861 年为五次方程提出了一个解式的表达式

$$(x_1 x_2 + x_2 x_3 + x_3 x_4 + x_4 x_5 + x_5 x_1 - x_1 x_3 - x_3 x_5 - x_5 x_2 - x_2 x_4 - x_4 x_1)^2$$

相应的 5 个根置换会得出 6 种结果。凯莱的解式是五次（多项式）的最大可解伽罗瓦群的解式，它是一个六次多项式。6 种结果虽然比 24 种结果简单多了，但它依然是个颠覆性的结果："解式的阶次比原来的多项式的阶次高了！"从前解多项式方程的法子失灵了！五次及以上的多项式方程的求根公式可能不存在。

拉格朗日引入的概念和分析结果，后来被伽罗瓦系统地利用了，从而开辟了数学的新天地。

5.2 不可解证明的历史

拉格朗日详细考察了求解二次、三次、四次多项式方程的方法，意识到五次及以上方程的求根公式可能不存在。虽然他未能证明自己的断言，但他提出的根的置换理论却揭示了问题的本质，带来了最后解决这个问题的曙光。1801 年高斯证明，分圆多项式（cyclotomic polynomial）$x^p - 1$ 当 p 为素数时可以用根式求解，这使得人们意识到，至少有一部分高次方程是可以用根式求解的。笔者猜测这里有素数出现，与不可约有关，可回答伽罗

瓦理论中的素数问题。1799年意大利人鲁菲尼（Paolo Ruffini，1765–1822）发表了长达516页的两卷本《方程的一般理论》（Teoria Generale delle Equazioni），试图证明五次方程的有限根式不可解。1810年他又向法国科学院递交了一篇论五次方程的长文，被拒稿，理由是审稿人没空验证其中的内容。1813年鲁菲尼再次发表了另一版本的不可能性证明，不过是在不知名的杂志上发表的。尽管鲁菲尼的工作未引起数学界重视，且自身有一些缺陷（没证明根式是方程根的有理函数），但却是探究五次方程解的路程上的一大步。1824年挪威人阿贝尔证明了五次代数方程通用的求根公式是不存在的。结合高斯关于分圆多项式的结论，接下来的问题自然是，如何判定具体的代数方程是否有根式解。到了1830年，法国数学天才伽罗瓦彻底解决了五次多项式方程何时可以有根式解的问题。他的结果也一直没有能够发表。1846年，在伽罗瓦死后14年，他的这一伟大成果终见天日。伽罗瓦首次提出了群（法语，groupe）的概念，并最终利用群论解决了这个世界难题。1870年，法国数学家约当（Marie Ennemond Camille Jordan，1838–1922）根据伽罗瓦的思想撰写了 Traité des substitutions et des équations algébriques（《论置换与代数方程》）一书，人们才真正领略了伽罗瓦的伟大思想。伽罗瓦的思想后来衍生出了伽罗瓦理论，属于抽象代数的一个分支。

5.3 阿贝尔–鲁菲尼定理

阿贝尔–鲁菲尼定理断言："五次及以上的一般多项式方程没有代数通解（general solution in radicals），即用加减乘除和有限根式表达的解。"这就是所谓的多项式方程无解性定理。注意，这里的正确表达是"加减乘除和有限根式"，一般书中经常把"有限"这两个字给漏掉了。必须强调：

（1）没有代数解不排除其它形式的公式解，比如用椭圆函数表示的解；

（2）所谓的根式是有限的根式，无限嵌套的根式是有可能作为解的；

（3）一般多项式方程没有代数解，不排除一些特殊系数的方程有解。

其实，判断哪些特殊系数的方程有解以及如何解恰是后来的伽罗瓦理论之威力所在。

鲁菲尼的长文，一般是没人读了。阿贝尔的论文命运也不济，总是被拒稿。他1824年发表了一篇法文的，因为自费，所以极为简明扼要，只有短短的6页。笔者愚鲁，虽然读了，其间有些推导的空隙也补不上。比如"如果可解会引到一个矛盾"，我就没看出那矛盾是啥。讽刺的是，阿贝尔自己在第一段中就说他文章的目的在于补空隙（remplir cette lacune），但他的文章对于我们这些数学弱头脑来说满是空隙。关于阿贝尔的证明，容笔者在《云端脚下》一书中再提供更多的细节。

5.4 伽罗瓦的理论

拉格朗日的思想启发了伽罗瓦。伽罗瓦从拉格朗日的思考中到底看到了什么？各种数学书都语焉不详，或许对数学家来说那是显然的。我猜想，这里的思路应该是这样的，解由系数决定，$(a_1, a_2, \cdots, a_n) \mapsto (x_1, x_2, \cdots, x_n)$，这个映射就是所寻找的表达式。但是，拉格朗日发现，系数应以基本对称多项式的视角来看待，这样 $(a_1, a_2, \cdots, a_n) = (s_1, s_2, \cdots, s_n) \mapsto (x_1, x_2, \cdots, x_n)$，这里 $(s_1, s_2, \cdots, s_n) \mapsto (x_1, x_2, \cdots, x_n)$ 这个映射带有方程结构性的信息！伽罗瓦就把关注点放到了映射 $(s_1, s_2, \cdots, s_n) \mapsto (x_1, x_2, \cdots, x_n)$ 上，这是**用根的结构化组合 $(s_1, s_2, \cdots, s_n)$ 来表示根**，表面上看起来是抛开了系数。这恰是伽罗瓦文章被拒绝的原因。那个群概念里必须强调的封闭性，恰是这里的解和基本对称多项式的封闭性。伽罗瓦把研究方程的可解性问题转换成了方程根的置换群的可（分）解问题——看到组合 $(s_1, s_2, \cdots, s_n)$ 容易想到根的置换。

伽罗瓦的思想可大致概括如下。首先，每个方程都具有自己的对称外形（symmetry profile），解的置换对称性是方程的特征。置换是关键词，一个n次多项式，其最大的置换对称性由置换群S_n来表征。第二步，找出正规子群（normal subgroup），即属于一个共轭类的子群。然后有最大正规子群（maximal normal subgroup）的说法。正规子群还有它的正规子群，这样可以追踪得到一个完整的最大正规子群家系（a genealogy of maximal normal subgroup）。第三步，只有特殊类型的伽罗瓦群对应的方程才是有解的。一个群是可解的，当且仅当每一个最大正规子群的指数（composition factor）都是素数时。若一个方程的伽罗瓦群是可解的，解方程的过程就可以分解为一些简单的过程，其中只涉及低阶次方程的解。对于五次方程，置换群S_5是不可解的，因为它有一个最大正规子群的指数是60，而60不是素数。

具体地，证明步骤大致如下

（1）一般n次多项式的伽罗瓦群是S_n。

（2）群S_n的第一个非平凡的正规子群一定是交替群A_n。

（3）如果伽罗瓦群的合成列（composition series）中的指数始终是素数，则称伽罗瓦群是可解的，相应的多项式方程是可解的。

（4）对$n=2$，A_2就是平凡的，二次方程可解；对$n=3$，A_3就是三循环群，是阿贝尔群，三次方程可解；对$n=4$，A_4不是简单的，它的正规子群是克莱因的$V4$群，其指数为3，3是素数，故四次方程可解；对$n \geqslant 5$，A_n总是简单的，是非阿贝尔群，故五次以上方程一般不可解。一个五次方程当且仅当其伽罗瓦群是20阶的弗罗贝尼乌斯（Frobenius）群F_{20}的子群时，即为F_{20}、D_5或者$Z/5Z$时，才是有解的。

对于具体的五次以上代数方程，判断是否可解就是研究它的伽罗瓦群的可解性。作为第一步，要计算具体方程的伽罗瓦群。

伽罗瓦理论的核心是可解性判据：当且仅当方程的伽罗瓦群是可（分）解的，多项式方程才是代数可解的。其判断过程可简单描述如下

（1）确定多项式方程的伽罗瓦群G。

（2）找出伽罗瓦群G的最大正规子群G_1；进一步地，求群G_1的最大正规子群；以此类推，直到群$\{I\}$。这样得到一个最大正规子群序列。

（3）构造合成指数列（$|G_n|/|G_{n+1}|$）。

（4）一个群是可解的，它的合成指数列中的各个指数全为素数。

5.5 计算伽罗瓦群

计算伽罗瓦群不是一件容易的事情。它是置换群S_n的子群，故只需要考虑子群的共轭类。不过，随着n的增大，群S_n的子群共轭类的数目急剧增加，计算伽罗瓦群的难度也随之上升。其实，只要计算传递子群（transitive subgroup）即可。对于$n=2$的情形，传递子群只有一种；$n=3$，两种；$n=4$或5，各有五种；$n=6$，十六种；$n=7$，七种……注意当n为素数时，可能性都较少。

必须指出，就算知道了伽罗瓦群，五次方程也很难解，那不是一般人能干的活儿。至少从推导过程来看，那也是非常艰巨的任务。

5.6 伽罗瓦其人其事

伽罗瓦（Évariste Galois，1811–1832）是法国数学家，有评论认为其能进入人类数学家排名前30。伽罗瓦在19岁时就给出了多项式方程根号可解的充分必要条件，为群论和伽罗瓦理论奠立了基础。伽罗瓦于21岁时死于一场决斗，过早地结束了他天才的生命。难以想象，若天假其年伽罗瓦到底还能为数学作出多少贡献。

伽罗瓦的母亲能流利阅读拉丁语和古典文学，她教导伽罗瓦到12岁。

伽罗瓦于1823年入巴黎路易大帝中学（Lycée Louis-le-Grand），14岁时对数学表现出兴趣。伽罗瓦找到了一本勒让德（Adrien-Marie Legendre，1752–1833）的Éléments de géométrie（《几何原本》），秒懂；15岁时阅读拉格朗日的《关于方程代数解的思考》和Leçons sur le calcul des fonctions（《函数计算教程》），前者激发了他日后研究方程理论的热情。

伽罗瓦1828年报考巴黎工科学校没考取，于是入巴黎高师学数学，次年发表第一篇论文，是关于连分数的。恰此时，他做出了关于解多项式方程的重大发现，撰写了两篇论文投给巴黎科学院。柯西审稿但拒绝发表，原因不明。1829年伽罗瓦再考巴黎工科学校仍没考取，原因不明。

伽罗瓦关于方程理论的论文投稿了几次，但是终其一生都未能发表。1830年柯西建议伽罗瓦把论文寄给巴黎科学院秘书傅里叶，去参评科学院的大奖（Grand Prix），但是傅里叶不久之后辞世，伽罗瓦文稿丢失。尽管如此，1830年伽罗瓦还是发表了三篇论文，其一就奠定了伽罗瓦理论的基础。1831年泊松（Siméon Denis Poisson，1781–1840）建议伽罗瓦把关于方程理论的工作递交巴黎科学院，伽罗瓦于1月17日照做了。到7月份泊松评论伽罗瓦的工作，认为其既不清晰也不严格，但建议作者把他的全部工作作为一个整体发表。泊松的报告于10月份送达了已在监狱中的伽罗瓦手中（伽罗瓦是一个狂热的革命者，那时他正在监狱里服刑）。伽罗瓦对这个报告一方面很恼火，决意不再向巴黎科学院投稿而是寻求通过私人发表，但另一方面他又认真对待泊松的建议，开始把自己的文稿收集起来，撰写一篇比较系统的论文并于1832年4月29日投了出去。1832年5月30日，伽罗瓦和人决斗，不幸中弹辞世，年仅21岁。伽罗瓦非常清楚决斗结果意味着什么，决斗前一天他彻夜都在给朋友书写他的数学证明的主要思想（outline the idea of his mathematical testament），给拟递交的论文加了注解，并附上三篇文稿。德国数学家、物理学家外尔（Hermann Weyl，1885–1955）曾评价道："这封信，就其所包含之思想的新颖与丰富而言，或许可说是人类文献中之最有价值的篇章。"

1843年，数学家刘维尔审阅了伽罗瓦的论文并予以肯定，伽罗瓦的论文从而得以发表在1846年10–11月那期的 Journal de Mathématiques Pures et Appliquées（《纯粹与应用数学杂志》）上。此论文之最重要的贡献是，提供了高于五次的多项式方程没有一般有限根式解的证明。虽然此前鲁菲尼于1799年发表了一个五次方程无解的证明，阿贝尔于1824年也给出了五次方程没有根式表达的公式通解的证明，但伽罗瓦的理论提供了对问题更深刻的理解，由此诞生了伽罗瓦理论。依据该理论，可以决定任意一个多项式方程到底有没有根式解。

在最后致朋友的那封信中，伽罗瓦请求他的朋友去公开请求德国数学家雅可比或高斯关于此定理的重要性而非其对错的意见。然后，他希望有人在解读他这篇胡写乱划时能得到有益的东西。伽罗瓦是第一个在当今意义上使用群这个词的人，从而确立了他是群论奠基人之一的地位。他还发展了正规子群的概念，以及有限域的概念。

5.7 如何解五次以上代数方程

五次多项式方程没有有限根式表达的通解，但可以用其它的方法求解，比如椭圆函数。克莱因（Felix Klein，1849–1925）1884年发表了题为《正二十面体与五次方程解》的长文，你看，椭圆函数、转动和五次方程结合到了一起。利用一些超越函数，如θ函数或戴德金η函数，也可找到五次方程的公式解。德国数学克罗内克（Leopold Kronecker，1823–1891）曾试图理解五次方程为什么可以用椭圆函数来解。法国数学家厄米特（Charles

13

Hermite，1822–1901）在《论一般五次方程的代数解》一文中论证了为什么拉格朗日的解法不能用于五次方程。这两位都写过《论一般五次方程的代数解》的同题目文章。当代俄罗斯数学家阿诺德给出了五次方程不可解的拓扑学证明。到1999年五次方程又有了新解法，读者可参阅达米特（Dummit）的文章。本篇关于多项式方程的可解与不可解的介绍，多有遗漏处。笔者在《云端脚下》一书中会提供更多、更深入的内容，有条件的读者可参考文后所列的经典文献。

多余的话

我是1977–1978年间刚上初中的时候学习因式分解（factorization）和代数方程的。那时候，别说有法国巴黎高师那里的顶级数学家当老师，**我们连任何意义上的数学老师都没有！**成功地找到一个代数表达式的因式分解，曾给那个赤脚去上学的少年带来怎样的欢乐啊——我至今难以忘怀。1995–1996年间我在摆弄真空仪器之余，时常思考代数方程解的问题，了无头绪。虽然从二次、三次方程的解能看出排列组合以及方程 $x^n = 1$ 的根的重要性，但我只能想到用 $x^n = 1$ 的 n 个解（构成一个阿贝尔群）来展开待解方程的解，却没想到从待求的解与方程 $x^n = 1$ 的解之内积上看问题。没办法，没这个水平啊。这个问题一直压在我的心上，多年来我就想弄明白这个问题。还有，很长时间里，我没把解方程的解、因式分解的解、可分解群中的分解以及溶质在溶剂中的溶解当作一回事，这影响了我对问题的理解。解和分解，都是solve；可解的和可分解的，都是solvable！西文里解代数方程，就是分解多项式函数！读中文文献，解（求解）、分解容易给人以不同概念的感觉，大谬也（若只有我一人这么笨，那就万幸）！

从代数方程理论，可以看到拉格朗日-高斯-伽罗瓦这条思想的脉线。拉格朗日对二次、三次、四次方程的解和解法的审查，新概念的引入，以及对置换之关键角色的洞察，除了在于他的天才，还有对方程的熟悉。**没有投身实践的天才是个无从证实其天分的天才**。高斯关于分圆多项式（与尺规作图法有关）的研究，指出了$x^p - 1$（p是素数）型多项式是可以有根式表达的。伽罗瓦看懂了这一切，解式、置换、群、正规子群（共轭），合成列的指数应为素数，这些概念构成了伽罗瓦理论的要素。

伽罗瓦的成就在于他本人是个天才，更在于他的世界里有成堆的天才前辈。法兰西是一个伟大的国家，这个国家的一个伟大之处是盛产数学家。在伽罗瓦的生命中出场的法兰西同胞，拉格朗日、勒让德、傅里叶、泊松、柯西、刘维尔等，都是一等一的数学大家。天才的孩子，如果遇不到高水平的老师，则不招老师喜欢必是宿命。虽然人的胸怀与学识并不必然正相关，但你很难指望一个水平低的人有多宽阔的胸怀。伽罗瓦也不招老师喜欢，幸运的是，他的世界里有天才前辈光芒的照耀。

伽罗瓦的成就不是天上掉下来的。作为一个中学生，他阅读的是勒让德的《几何原本》，是拉格朗日的《解析函数论》。他一上来试图延拓的是拉格朗日走过的路，而拉格朗日是那个感叹"可惜微积分只需要发明一次"、和牛顿都想一较高低的人。我们的少年啊，有哪个是在中学时就曾阅读过学问创造者的著作的，有哪个是曾见过一个有真学问的长者的？**少年，若你也想让自己的天才发出光芒，到顶尖**

学者身边去，到学问的海洋中去。

太多的学问，其本身也许没有价值，但对它的回答所带来的新的问题与新的答案，可能具有意想不到的意义。代数方程研究之最令我惊讶处，是知识疆域的扩展：整数向有理数的扩展，实数向复数的扩展，代数概念（群、环、域、代数、模形式）的扩展。这些扩展把人们带到了更高的层次上去审视原始的问题，会发现原来看似简单的问题只有在更高的层面上才能看出它的微妙来。一个问题的解，和一个问题的提出，这两者并不必然处在同一个层面上或者同一种语境中。我们学的东西都太简单了！别以为你能理解那些简单的内容——那些内容是因为你知道的少才显得简单的。在更高的层面上，你才能享受理解复杂的快乐。解代数方程导出的群论，简直就是为近代物理设计的语言。学会变分法和群论吧，只有这样你才会成为一个基本合格的物理学家！

建议阅读

[1] Mario Livio. The Equation That Couldn't Be Solved: How Mathematical Genius Discovered the Language of Symmetry. Simon & Schuster, 2006. 中译本为《不可解的方程》

[2] Peter Pesic. Abel's Proof: An Essay on the Sources and Meaning of Mathematical Unsolvability. The MIT Press, 2003.

[3] R. Bourgne, J. P. Azra. Écrits et mémoires mathématiques d'Évariste Galois（伽罗瓦数学文稿）. Gauthier-Villars, 1962.

[4] Évariste Galois. Mémoire sur les conditions de résolubilité des équations par radicaux（论代数方程可用根式求解的条件）. Journal de Mathématiques Pures et Appliquées, 1846, XI: 417-433.

[5] Ian Stewart. Galois Theory（伽罗瓦理论）. 3rd ed. Chapman & Hall/CRC, 2003. 4th ed. Routledge, 2015.

[6]   R. B. King. Beyond the Quartic Equation. Birkhäuser, 1996.

[7]   B. C. Berndt, B. K. Spearman, K. S. Williams. Commentary on an Unpublished Lecture by G. N. Watson on Solving the Quintic. Mathematical Intelligencer, 2002, 4(24): 15-33.

[8]   Felix Klein. Lectures on the Icosahedron and the Solution of Equations of the Fifth Degree. Trüber & Co. , 1888.

[9]   Arthur Cayley. On the Theory of Groups, as Depending on the Symbolic Equation $\theta^n = 1$. Philosophical Magazine: 4th series, 1854, 7(42): 40-47.

[10] M. Camille Jordan. Traité des substitutions et des équations algébriques （论置换与代数方程）. Gauthier-Villars, 1870.

[11] David S. Dummit. Solving Solvable Quintics. Mathematics of Computation, 1999, 57(195): 387-401.

14　平面上圆密排定理
的证明

平面上圆密排定理的证明是我能轻松理解的最伟大的证明。理解了空间中的排布或者堆积问题能够看透许多大自然的奥秘。

六角密堆积，沃罗诺伊单胞，

蜂窝结构，对偶

1. 数学家图

阿克塞尔·图（Axel Thue，1863–1922）是一位挪威数学家，毕业于奥斯陆大学数学系，曾受数学名家索菲斯·李的指点，以丢番图方程、数论和组合方面的研究（比如证明了方程 $y^3 - 2x^2 = 1$ 不可能有无穷多组整数解）而闻名，被誉为思想与成就皆超前于时代的人。笔者以为，其1910年关于六角密堆积是平面上最有效堆积方式的证明乃是人类历史上最天才的数学证明之一，也是促成笔者撰写这本小册子的原因。这个证明不仅简洁、天才、令人惊艳，最重要的是该证明的哲学、技巧以及相关联的思考具有深刻的启发性意义。

2. 圆的密堆积

在桌面上摆放一把相同的圆形硬币，这会把我们引入平面上圆如何铺排（tessellation）的有趣问题。容易看到，一个硬币可以被六个硬币紧密环绕。所谓"紧密"的意思是，相

挪威数学家图

123

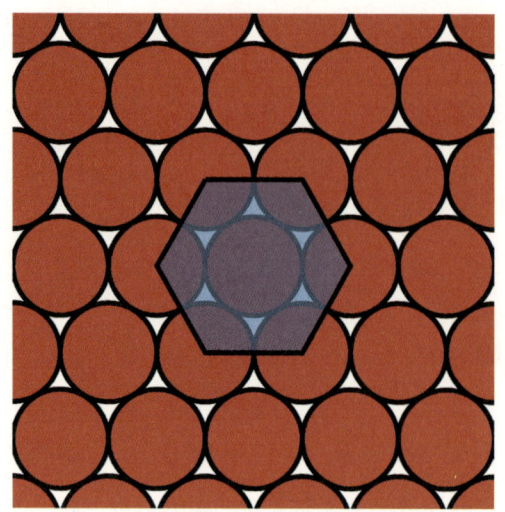

图1 平面上圆的六角密堆积

邻三个硬币两两相接，连接任何其上的等价点形成一个正三角形；外围的六个硬币相互间是两两有接触的，没留下缝隙（图1）。把外围六个圆之间的接触点用直线段连起来，就得到一个围住中心圆的正六边形。如果我们只看这七个圆的圆心，它们的排列如图2中的七粒莲子所示（记住，大自然遵从数学和物理的规则！从前研究生物的人懂数学、物理、哲学和艺术，那时候统称博物学家）：中间一个点，其余六个点在以其为中心的正六边形的六个顶点（vertex）上。图1中的圆在平面上的排列方式称为六角密堆积（hexagonal close packing）。容易计算，圆铺排的面积占比，用圆的面积除以相邻四个圆中心所张成的、边长为圆的直径而夹角为60°/120°的菱形的面积，为

$$\frac{\pi}{2\sqrt{3}} \approx 0.90690。$$

这样的排列方式，是最致密的。那么，如何证明呢?

图2 七粒莲子的长法——外围的六个处在围绕中心的正六边形的顶点上

3. 六角密堆积的证明

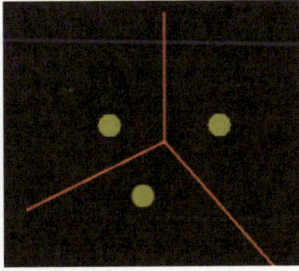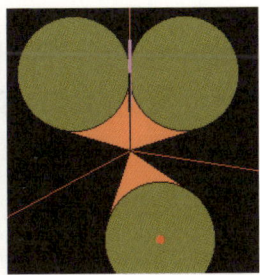

图3 （左）平面上随机分布的小圆
（中）近邻三小圆及其相互间的垂直平分线
（右）从垂直平分线的节点处向三小圆作切线，每个圆的两条切线在节点处张开一个相等的顶角

　　阿克塞尔·图在1910年提供了一个非常简洁但意义深远的关于六角密堆积的证明。第一步，作为出发点，考虑图3左图中在平面内随机分布的诸多小圆，设想你往桌子上撒一把大小相同的豆豆，你就能得到这样的小圆在平面上的分布。第二步，作任何一个小圆同近邻小圆之圆心连线的垂直平分线，会得到图3左图中的连线结构——每一个小圆都被一个凸多边形包围

125

（一般为六边形。你如果没见过这样的图案，可以去观察干涸的河底泥巴断裂图案，或者去观察许多植物的叶脉。再强调一句，**大自然遵从数学和物理的规则**）。第三步，观察第二步得到的连线结构，会注意到从每个连线节点发出的线段都是三条。考察每三个相邻小圆的连线问题，如果这三个小圆碰巧在一条直线上，则两两连线的垂直平分线是平行的。这样的三小圆构型不对理解二维的空间铺排问题有贡献，放过不管。看一般的情形（图3中图），近邻三小圆的三根两两之间连线的垂直平分线交于三小圆所张成之三角形内部的某个位置。第四步，从垂直平分线的节点向三小圆作切线，共六条，容易证明每个圆的两条切线在节点处所张的顶角相等（图3右图），记为θ。但是，在平面内，$3\theta \leqslant 360°$，也即θ的最大值为120°，这种情形对应的就是图1中圆的排列方式，故六角密堆积是最致密的排列方式。QED。

4. 细论图的证明

这个证明的天才、惊艳之处值得多啰嗦几句。

（1）欲证明图1中的规则图案所对应的问题却从图3左图中的一般性随机图案出发，这从方法论的角度来看就是了不起的举动。其所隐含的哲学意味也是有趣的——一个问题在更复杂的语境中反而是简单的。可以举一例说明。任意四个整数的平方和乘以任意四个整数的平方和，其积可以表示为四个整数的平方和。如果只知道实数（含整数）和复数，这个问题的证明可能无从下手。但是，如果懂四元数的数学，则这个问题的证明就是个练习题而已。

（2）从图3左图中的完全无规的分布出发，发现所有的节点都发出三条线，散乱无规的分布突然变得有规律了。这样，原来一个关于平面里的全局问题，变成了围绕一个点的局部问题。这告诉我们变换对问题的看法有多么重要。要不数学、物理整天研究变换和变换不变性呢！

（3）作相邻点连线的垂直平分线——想法有趣，结果意义深远。那么，人家是怎么想到要这么做的呢？笔者在给研究生讲授表面物理的时候，突然想到，这就是个发面的过程。设想图3左图中的每个小圆是一个发面团，随着烘烤的进行面团会向各方向扩张，则相邻两个面团最后达成的分界线就是两面团之间连线的垂直平分线（有兴趣的读者不妨去面包店看看托盘中烤好的面包边界所构成的图案，见图4）。图3左图中那些连线在小圆周围围成的多边形，称为沃罗诺伊单胞（Voronoi cell）。沃罗诺伊（Гео́ргий Феодо́сьевич Вороно́й, 1868–1908）是俄罗斯数学家。图3左图中的那些凸多边形，即沃罗诺伊单胞，可以看作是对平面的划分方案。这个划分方案意义就大了，叶脉的分布（供水）、城市交通以及学校医院如何分布，不妨都参照一下这个划分方案。其实，图3中图中的三个小圆可连成一个三角形，别

图4 原先分立的面团经烘烤长大后，两面团边界就是面团中心连线的
垂直平分线，这些垂直平分线围成的多边形就决定了面包的形状

处也一样。这恰是对平面的三角划分（triangulation），这样做的合理性是建立在三角形的刚性上的。（你是否想到了有限元方法？）晶体可以看作是一堆原子占满了空间，作相邻原子连线的垂直平分面可以得到围绕每个原子的一个凸多面体，这个凸多面体是沃罗诺伊单胞的三维对应，被称为维格纳－塞茨（Wigner-Seitz）单胞。单胞结构和原来的点结构是对偶的（dual）。什么意思呢？你对空间中分布的物理量用函数 e^{ikx} 作傅里叶变换（晶体的X射线衍射），所得结果在 k 空间中也会有结构，那就是作空间中原子连线的垂直平分面所得到的结构。

注意，平面六角密堆积和蜂窝结构非常容易混淆。平面六角密堆积中，堆积的对象是球，堆积成的结构被称为三角格子（triangular lattice），相邻的三个球之球心构成等边三角形。如果我们考察一个蜂窝（图5左图），把六角形的单个空巢当作主角，有蜂蛹的话可以拿蜂蛹作主角，会发现它们和前面讲到的硬币的排列方式是一样的，属于三角格子。注意，这里的关键点是，这里每一个小蜂巢或者蜂蛹在空间上都是等价的。但是，如果我们考察蜂巢的壁，把蜂巢壁的节点当成主角的话，那就是常说的蜂窝结构。如果在每个对应蜂窝结构的三条连线节点上放上一个C原子的话，那就是炭单层结构（图5右图）。这里的关键点是，相邻的两个C原子是不等价的。对于蜂

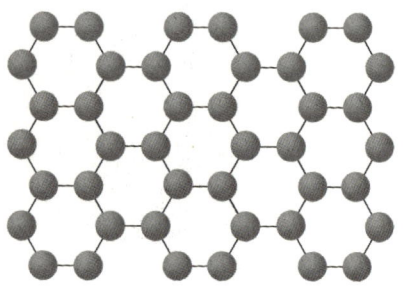

图5 （左）蜂巢或者其中的蜂蛹作为主角的堆积方式是平面六角密堆积，属于三角格子
（右）六角形区域的三节点作为主角的堆积方式是蜂窝结构，属于六角格子

窝结构，也有蜂窝猜想，即蜂窝结构用料（蜂蜡）最省。翻译成几何语言就是，"将平面分割成多边形，在多边形面积一定的前提下，分成六角格子的分法（蜂窝形）所产生的多边形周长最短。"将多边形的面积设定为单位面积，则最短周长为 $\sqrt[4]{12}$。蜂窝猜想据说是古希腊人于约公元四世纪提出的，严格证明是美国数学家海尔斯（Thomas Hales，1958–）于1999年给出的。

平面内圆的密堆积问题在三维空间里对应的是球的密堆积。设想把球在平面内按照图1中的六角密堆积排成一层，记为A层。将同样的一层（B层）放到A层上，且每个B层的球落在A层中相邻三球围成的空隙中。现在考虑第三层（C层）的放法。选择一，C层的球落在B层的相邻三球围成的空隙中，但是位于A层球的正上方。换句话说，C层就是另一个A层。重复上述步骤，得到ABABABAB…形式的空间排列，这种排列方式是空间的六角密堆积。如ZnS一类的二元物质容易以两个异种原子为单元采取这种堆垛方式。选择二，C层的球落在B层的相邻三球围成的空隙中，但也处于A层的相邻三球围成的空隙正上方。重复上述步骤，得到ABCABCABCABC…形式的空间排列，这种排列方式是空间的立方密堆积（cubic close packing）。一般单质金属如金、银、铜等的固体中，原子会采取立方密堆积的方式。固体物理把这种结构称为面心立方。水果店里那些不是完美球形的水果也采取这种排列方式（走，观察去！）。这种结构的固体，虽然外观上易呈立方状，原子排列也有四次转动轴（转角90°），但是不要忘了它是由平面六角密堆积堆垛而来，那里的三次转动（转角120°）才是它的最高对称性。这两种堆垛方式有时就含糊地统称为空间的六角密堆积，它们的空间占比都是 $\dfrac{\pi}{3\sqrt{2}} \approx 0.74048^*$。开普勒（Johannes Kepler，

---

* 考虑到球壳体积占比的趋势，我猜测，无穷维空间中球之密排（closest packing）的体积占比为零。

129

1571–1630）猜测这样的堆垛方式是密度最大或者说空间占比最大的，这就是所谓的开普勒猜想（Kepler's conjecture，1611年提出）。三维空间中球的密堆积问题来源于英国人关切球形炮弹的堆垛问题，面对按照六角密堆积堆出的、外形不同的一堆炮弹，你能脱口说出有多少发吗？生物体中有很多这种小球体（corpuscule）堆积而成的结构，可怜一些（故意装作）不懂数学的人儿，花费大量经费和时间用各种（不会用的）仪器研究这个问题，最后还是美国建筑学家富勒（Richard Buckminster Fuller，1895–1983）告诉他们，这种小问题不用那么努力认真研究，有现成的、特别简单的数学公式，口算一下就行了。

证明开普勒猜想，用阿克塞尔·图对付平面中圆密堆积的方法不奏效，因为包围单个球的凸多面体不是单一的——最小的凸多面体是正十二面体。不过，似乎也只有有限种选择，因此穷举法未必不是证明的思路。1831年，高斯证明了如果球必须按照规则的晶格排列（有平移对称性的排列），那开普勒猜想就是正确的。海尔斯的团队于1998年宣布找到了证明，最后的证明于2017年发表在 Forum of Mathematics, Pi 杂志上。

顺便说一句，有数学家认为阿克塞尔·图的证明不完备。完备性是数学证明里忒麻烦的东西，非笔者这样的非数学家可以讨论的。有关于平面圆密排定理的另一个证明，略述如下。将平面作捷洛内（Борис Николаевич Делоне́，1890–1980）[*] 三角划分，即将平面上单位圆的圆心连接使得平面被分割成一个一个的三角形（图6），可以证明这样的三角形，其内角必须在 $\left[\frac{\pi}{3}, \frac{2\pi}{3}\right]$ 之间，而面积占比为三个内角作为圆心角的单位圆弧之和除以三角形的面积，前者等于 $\frac{\pi}{2}$，后者最大值为

---

[*]　英文转写为Delaunay，一般汉译为"德洛内"。

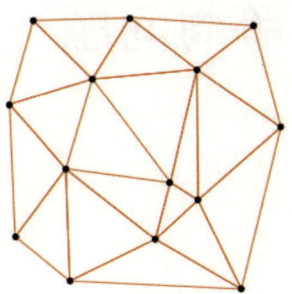

图6 平面的捷洛内三角划分

$$\frac{1}{2} \times 2 \times 2 \times \sin\frac{2\pi}{3} = \sqrt{3}$$

因此这个比值 $\leqslant \dfrac{\pi}{2\sqrt{3}}$，等号在六角密排时成立。QED。这个证明其实和阿克塞尔·图的证明是有千丝万缕的联系的。对捷洛内三角划分的每一个三角形找出其外接圆的圆心，将围绕三角划分某个节点的相邻外接圆圆心连接起来，就得到沃罗诺伊元胞。

多余的话

最后想说一句，这世界就没有简单的学问。一项学问的延伸是无止境的。你知道的越多，你就越为人类的才智所惊叹，你就会越谦虚。其实，也不是谁想谦虚，只是别无选择。

建议阅读

[1] A. Thue. Über die dichteste Zusammenstellung von kongruenten Kreisen in der Ebene（论平面内全同圆的密排）. Christiania Vid. Selsk. Skr. , 1910, 1: 1-9.

[2] Erica G. Klarreich. Foams and Honeycombs. American Scientist, 2000, 88(2): 152-161.

15 等周问题

周长一定的曲线围成的面积最大的几何形状是圆。这个结论凭直觉就知道，但要想证明它却非易事。对称性与极值的关联或许提供了对这个问题的另一种思考。

等周长问题，圆，等面积问题，球，对称性

1. 牛皮圈出的城池

古希腊传说，地中海塞浦路斯岛的狄多（Διδώ）女王在丈夫被她的兄弟杀死后逃到了地中海今属叙利亚的一个地方，并从当地人的手中买下一块地建立起了迦太基城。这块地是这样划定的："用一张牛皮（割的绳子）能圈出多大的面积，那城就可以建多大。"*假设牛皮绳（可抽象为一条曲线）的长度是有限的，要想拥有大的面积，那牛皮绳所圈成的图形就很有讲究了。这个问题，翻译成现代数学语言可表述为："给定一条长度一定的曲线，如何使其所围面积最大？"这就是著名的等周（长）问题（isoperimetric problem），是科学上讨论的第一个极值问题。很久以前的人们凭经验就知道，若围成的圈是完美的圆形，则所围的面积最大。问题是，如何证明？

对于等周长问题，古希腊的芝诺多罗斯（Zenodorus，约公元前200-约公元前140）以及托勒密就从数学角度认真地研究过。更早的欧几里得就注意到："周长一定的矩形，正方形的面积最大。"翻译成数学语言就是，若 $2x + 2y = c$，则当 $x = y$ 时，乘积 $S = xy$ 取极大值。利用微积分容易证明这一

*　传说见维吉尔的《埃涅阿斯纪》（Virgil's Aeneid）。此传说还有其它版本，迦太基城也变成了在今突尼斯附近。

15

点，对于 $S = xy = x\left(\dfrac{c}{2} - x\right)$，极值条件 $\dfrac{dS}{dx} = 0$ 意味着 $x = \dfrac{c}{4}$。进一步可得到

$y = \dfrac{c}{4}$，所以此时 $x = y$。注意，这里 $x = y$ 意味着矩形几何意义上的对称性。同

时，微积分求单变量函数 $S(x)$ 极值的条件 $\dfrac{dS}{dx} = 0$ 也意味着函数在该处随变量

向两侧变化的对称性。由微分的定义可知，若函数随变量向两侧的变化是对
称的，则微分必然为零。极值，意味着（取值、变化）多样性的减少，也就
意味着其具有某种对称性。反过来说，高对称性意味着对应某一选择的高等
价性，则必然导致可能的选择的单调——不明白的朋友，请参照群论在固体
物理、光谱学、方程论中的应用来理解。[*]取极值的地方意味着高对称性，
这些知识本该在接触微积分时就讲清楚的——不懂物理的数学教授真不是一
个合格的厨子。

2. 区域与边界

类似等周长问题的研究涉及两个对象：一个是 n 维空间里紧致的有限区
域，记为 Ω；一个是这个区域的 $n-1$ 维的闭合边界，记为 $\partial\Omega$。一个三维的体
Ω，它的边界 $\partial\Omega$ 就是二维的闭合面；一个二维的面 Ω，它的边界 $\partial\Omega$ 就是一条
闭合曲线。此处讨论的问题就是，边界 $\partial\Omega$ 的某个度量一定时，求 Ω 上某个函
数的极值问题。不要小瞧这个问题，你能遇到的大多数物理问题几乎都是
这个问题。首先指出，这个看似简单的问题，细思极恐。区域 Ω 和它的闭合
边界 $\partial\Omega$ 维数相差 1，仅这一点就会带来令人诧异的问题。欧几里得早就注意

---

[*]　对称性与极值的关系是普适的原则。由此可以理解为什么金刚石的各种物理性质能
　　取极值。单一原子，sp^3 键的构型，保证了高的结构对称性。计算能得出 A、B 型材
　　料的力学性质超过金刚石，那是水平不够的问题，至于宣称得到了力学性质超过金
　　刚石的什么材料，那就是睁眼说瞎话了。

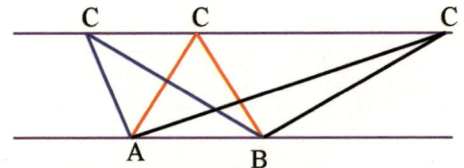

底边和顶点落在两条平行线上的三角形，随着顶点在线上滑动，周长改变而面积不变

到，若三角形的底边和顶点分别在两条平行线上，保持底边不动而让顶点在另一条平行线上滑动，可以得到不同形状的三角形（上图）。问题是，这不同形状的三角形的面积不变（底和高都不变），但是周长相差可就大了去了。若顶点滑向无穷远，这个三角形的周长为无穷大。有限面积的三角形的周长可以是无穷大？或者说，给你一条无穷大的绳子你才围出面积一点点儿的城池？*你此时有多困惑，就能想象出欧几里得当时有多困惑。回到刚才用牛皮割绳围城的故事，据说女王狄多用一张牛皮割出了4千米长的绳子（Astucieuse, elle découpe la peau en si fines lanières qu'elle obtient, bout à bout, une longueur fantastique: près de 4 km），围成了一块大致为圆形的土地。其实，若分割足够细，一张牛皮可以割出长度无穷大的牛皮绳——牛皮是二维的，（抽象的）牛皮绳是一维的。

3. 等周长问题的证明

如何证明等周长问题，即等周长所围的区域中以圆的面积为最大呢？首先，容易证明，一条曲线围成的图形，若面积最大则它必须是凸的（convex）。一个几何体是凸的，是说在其边界上任选两点，其间的连线应该在这个几何体的内部。若一个图形有一部分是凹的，则在此区域作边界上两点连线时，连线

---

* 　有兴趣的读者可参考科赫（Koch）雪花的构造。

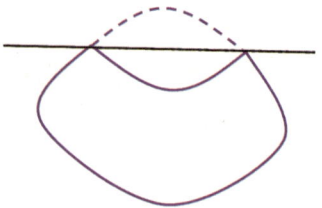

一个平面上曲线围成的区域，凹的部分总可以反射为凸的使得面积增加而周长不变

（一部分）在这个图形之外。只需将这部分的边界线段挪到连线外侧，就可以在保持周长不变的前提下把图形的面积给增加了（上图）。也就是说，凹的图形不可能是面积最大的——面积最大的图形必须是凸的。

一个凸的平面图形，一般地其边界为多边形。芝诺多罗斯证明了其若欲围成更大的面积，则必须是规则多边形（最高对称性意味着extremity）。规则多边形的边长都相等，顶角都相等。如同凸性的证明，可分别证明有不等边或不等角时，可构造出更大面积的图形。假设多边形中有一个边不等于其它的边，但其所围的面积最大，我们会看到这是不可能的。如下图，多边形的两边AB与BC不相等，我们可以过点B画出一条与AC平行的线，在这条线上滑动点B，如前所述，三角形的面积不变而周长改变。当B滑到D点，满足 $AD = CD$ 时，这时候 $AD + DC$ 为极值（从物理的角度看，即自A点出发的光线被镜面BD反射过C点，在D点的弯折满足反射定律，路径 $AD + DC$ 最短）。换句话说，如果用到 $AB + BC$ 那么长的周长，构建以 AC 为底的等腰三角形，其面积就比 $\triangle ABC$ 要大。这样，原来的最大面积多边形的假设就不成立。命题得证。

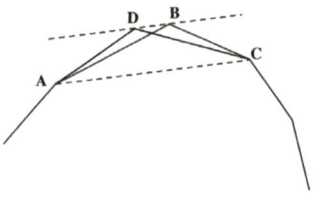

最大面积要求边长相等

接下来我们要证明：边长相等的多边形，当顶角都相等时面积才可能最大。等边长的菱形以正方形面积为最大，这是人们熟悉的结果。假设某凸的等边多边形的顶角不全相等，则必有两相邻的角是不相等的，也必有两不相邻的角不相等。可以针对两不相邻的角（在下图中记为$\angle DEF$和$\angle PQR$）不相等的情形证明，若存在这种情况，总可以构造出以DF和PR为底的两个三角形，其腰长之和不变而面积之和会更大一些，即原来的多边形面积最大不成立。

证明过程很惊艳，带辅助线的图形如下。总可以假设$\angle DEF < \angle PQR$，则$DF < PR$。从点E向底边DF，从点Q向底边PR，分别作垂线交底边于G和T。向外延长线段GE至T'，构造$\Delta ET'P'$使其与ΔQTP全等（聪明的一步）。从初始假设知$\angle FEG \neq \angle T'EP'$，因此若有光线自$P'$点被线$GE$反射过点$F$，$E$不在光路上，反射点必是线段$GE$上别处的某点$S$。现在，延长$TQ$至点$U$，使得$TU = T'S$，考虑两个新三角形$\Delta DSF$和$\Delta PUR$。经比较可见

$$DS + SF + PU + UR = 2(SF + SP') < 2(EF + EP') = DE + EF + PQ + QR$$

但是面积比较的结果是

$$S_{DSF} + S_{PUR} = S_{DEF} + S_{PQR} - 2S_{ESF} + 2S_{ESP'} > S_{DEF} + S_{PQR}$$

在（两个不相邻角所涉及的）多边形其中四个边之和变小的情形下所围的面积还能增加，可见原来的多边形面积取极值的假设是不成立的。命题得证。

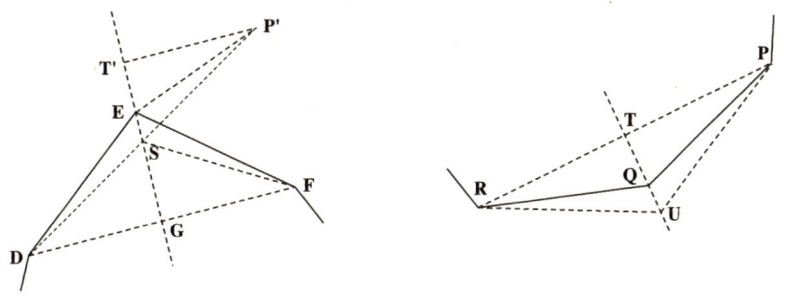

等边多边形上两不相邻、不相等的顶角$\angle DEF$和$\angle PQR$的局部

现在我们有了结论：一条闭合的线，如果所围面积最大，则所围区域必为正多边形。设正n边形的周长为P，面积为S，容易得到表达式

$$P^2 - 4n \tan(\pi/n)S = 0$$

则对于任意的n边形，$P^2 - 4n \tan(\pi/n) S \geq 0$。而这意味着，对任意的$n$边形，$P^2 - 4\pi S \geq 0$，等号对圆成立，即当所围的范围是圆时，面积最大。注意，把圆的面积表示为其周长的函数可能是更科学的，熟知这一点的人，马上就能看出不等式$P^2 - 4\pi S \geq 0$的意义。

多余的话

这是一个由一桩土地买卖而引出的平面几何问题，抽象而为求极值的问题。对该问题的证明，古希腊时就有，但据信第一个严格的证明是由德国数学家施瓦茨（Hermann Amandus Schwarz, 1843–1921）给出的（在物理学文献中，你随处可见施瓦茨不等式的身影），这已经是二十世纪的事儿了。这中间，对这个问题有贡献的数学家有不少，包括高斯、魏尔斯特拉斯等大数学家。证明的严格性不断提升，我们从中看到，不同时代的数学严格性有不同的意义和不同的标准。

笔者本人看待这个问题，更愿意从对称性的角度来看极值问题，因为更具普遍性。这里的原则是，极值条件具有最大的对称性。毕达哥拉斯说"最美的体是球，最美的平面图形是圆"，反映的就是这种思想。愚以为顺着考虑对称性的路子，等周长问题的证明步骤可归纳如下

（1）从对称性考虑，所围的形状不能有凹的部分。凹的极限面积可以是零，而周边上有凸有凹的对称性低。因此，面积最大时所围区域必须一致是凸的。

（2）凸的一般形状可当作多边形处理，显然正n边形相较于任意n边形具有最高对称性。因此，面积最大时所围的多边形区域必须是正多边形。

（3）对于周长一定的n边形区域，边数n趋于无穷大时有最高对称性。边数无穷大的正多边形是圆。

命题得证。

从等周长问题可以扩展到三维情形，具有给定表面积的不同的体，那是isepiphanies，当所围的区域为球形时体积最大。哥白尼认为宇宙是球形的，因为球是最美的，或者因为球是容积最大的。而这两条，愚以为，就统一在三维的体中球具有最高对称性！由这些极值问题，后来引出了变分法的研究。会微积分而不会变分法者，就求解极值问题来说，是个数学意义上的独腿人。物理学认为，物理的现实，比如粒子运动的径迹、光传播的路径，也应该是某个量在某些约束条件下取极值的结果。一般地，这个物理量被称为action，应当理解为动作、（抽象意义下的）作用*。则物理学的研究，就是找出那个该取极值的action长什么样——那可是宇宙的奥秘。

建议阅读

[1] I. Thomas. Greek Mathematical Works: Vol. 2: From Aristarchus to Pappus. Heinemann, 1980.

[2] V. M. Tikhomirov. Stories about Maxima and Minima. The Mathematical Association of America, 1991.

[3] W. Blaschke. Kreis und Kugel（圆与球，德文版）. Verlag von Veit & Comp. , 1916.

[4] Hermann Amandus Schwarz. Proof of the Theorem that the Ball Has Less Surface Area Than any Other Body of the Same Volume. News of the Royal Society of Sciences and the Georg-August-Universität Göttingen, 1884: 1-13.

---

*   action 在中文物理学文献中被译为"作用量"，失却了许多对背后思想的理解。

16

柏拉图多面体只有五种的证明

只存在五种柏拉图多面体，四千年前苏格兰人就注意到了。这个问题的证明于拓扑学是牛刀小试，但它也联系着晶体学、代数方程解理论等学问。

柏拉图多面体，欧拉公式，拓扑

1. 多面体的欧拉公式

在大自然中，液滴的外观可能是光滑的曲面，小水珠几乎是完美的球形，而晶体的外观常常是由一些平坦的小面（facet）围成的。比如，下图中的天然金刚石颗粒，外观就明显呈现多个规则的小面。这样的几何形状叫多面体，它的特征包括顶点（vertex，0维）、边（棱，edge，1维）和面（face，2维）。如果多面体是凸的，即往外鼓的，则其顶点数V、边数E和面数F要满足一定关系

$$V - E + F = 2$$

长成凸多面体的金刚石颗粒

此乃所谓的欧拉多面体公式。从前用32块皮子（20块正六边形，12块正五边形）缝制的足球，就有60个顶点和90个边，满足 $V-E+F=2$。记 $\chi=V-E+F$，称为欧拉示性数（Euler characteristic）。笔者以为，对于多面体这个公式，引入体（3维）数S，可写为

$$V-E+F-S=1$$

的形式，注意公式里几何特征的量，随着几何特征的维度从0开始逐步增加，其前面的符号是 $+/-$ 交替变化的。这种写法的好处是，可以轻松将该公式推广到其它维度的情形。比如2维情形，即对多边形，应有 $V-E+F=1$。当然了，因为$F=1$，它实际上是 $V-E=0$，即多边形的顶点数和边数相同，这是人所共知的事实。容易想到，对于4维情形，即对多型体（polytope），有

$$V-E+F-S+P=1$$

其中P是4维空间体的数目。因为$P=1$，相应的欧拉公式应为

$$V-E+F-S=0$$

欧拉公式的证明可见文后所列的文献。本篇则要利用欧拉公式证明一个有趣的观察事实，即只存在五种规则多面体，或称柏拉图多面体（Platonic solids）。

2. 柏拉图多面体

如果一个凸多面体的小面是全等的规则多边形，则称为规则多面体。这样的规则凸多面体只有五种，即正四面体（tetrahedron，小面为三角形）、正六面体（cube，立方体，小面为正方形）、正八面体（octahedron，小面为三角形）、正十二面体（dodecahedron，小面为五边形）和正二十面体

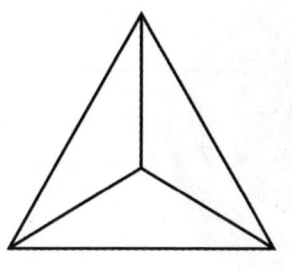

正四面体

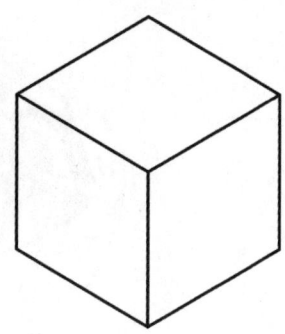

正六面体

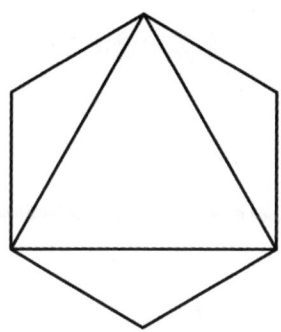

正八面体

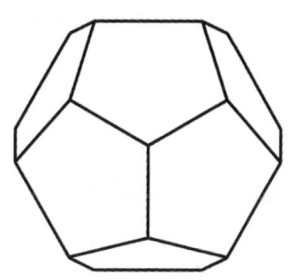

正十二面体

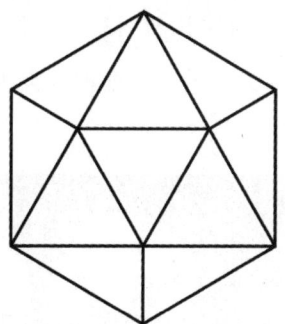

正二十面体

五种柏拉图多面体

开普勒用球和正多面体构造的宇宙模型

（icosahedron，小面为三角形）。柏拉图时期人们就知道这五种规则多面体。在《蒂迈欧》（Timaeus）一书中，柏拉图猜测地上的四种元素气、火、水和土以及天上的 quintessence（即第五种存在）就分别对应这五种形状，因此这五种规则多面体又称为柏拉图多面体。具体地，正四面体对应火，正六面体对应土，正八面体对应气，正二十面体对应水，而正十二面体对应 quintessence 或者宇宙。整个天体为球体。后来，开普勒用它们构造宇宙的模型（上图）。柏拉图和开普勒这类人之所以是智者，就在于他们模糊的认识在后来被发现包含着最深刻的道理。这些多面体由球脱胎而来，数学上这些几何体的对称群是球对称群 $SO(3)$ 的子群。据信人类在四千年前就制作出这五种规则多面体了。不过，远古人类为什么要用石头制作正多（曲）面体令人十分费解。

苏格兰出土的人类四千年前用石头制作的正多面体

3. 只有五种柏拉图多面体的证明

古人虽然感觉到只有五种柏拉图多面体，但却没有证明。关于这个问题，基于欧拉多面体公式，可以得出一个非常简单的证明。注意观察正多面体的边，每一个边都是由两个顶点规定了的，且每一个面又都是由两个面所规定了的——两个顶点连一个边，两个面交于一个边。这样，假设正多面体的小面是 p 边形（$p > 2$），每个顶点连接着 q 条边（$q > 2$），则有

$$pF = 2E = qV$$

由欧拉公式 $V - E + F = 2$，可联立求解得

$$V = \frac{4p}{4 - (p-2)(q-2)}; \ E = \frac{2pq}{4 - (p-2)(q-2)}; \ F = \frac{4q}{4 - (p-2)(q-2)}$$

可以得出如下 $\{p, q\}$ 整数解：

$p = 3$，$q = 3$，对应正四面体

$p = 3$，$q = 4$，对应正八面体

$p = 3$，$q = 5$，对应正二十面体

$p = 4$，$q = 3$，对应正六面体

$p = 5$，$q = 3$，对应正十二面体

QED。

或者，将 $pF = 2E = qV$ 代入欧拉公式 $V - E + F = 2$，得关系式

$$\frac{2E}{q} - E + \frac{2E}{p} = 2$$

进一步地有

$$\frac{1}{q} + \frac{1}{p} = \frac{1}{2} + \frac{1}{E} > \frac{1}{2}$$

因此，$\{p, q\}$ 的组合只有 $\{3, 3\}$，$\{3, 4\}$，$\{3, 5\}$，$\{4, 3\}$，$\{5, 3\}$ 这五种可能。

多余的话

关于只有五种凸多面体的证明，当然还联系着别的数学，比如代数方程的解，比如群论。从实用性的角度来看，关于多面体性质的学问关系到对晶体学的理解，因此它是晶体学、固体物理进而是材料科学的几何基础。晶体结构可看作是能充满整个三维空间的某种多面体或者多种多面体之组合在空间中的排列。正四面体、正六面体、正八面体，以及由正八面体截去六个顶角得到的十四面体，也称截角八面体，是晶体结构的主要构成单元。试试数一数截角八面体的顶角数和边数是多少，看看是否满足欧拉多面体公式？这个多面体是一种典型的Wigner-Seitz单胞。开尔文爵士（William Thomson，称号1st Baron Kelvin，1824–1907）曾猜测这种多面体充满空间，是表面积之和最小的那种选择，这被称为开尔文猜想。类似地，在二维情形，把平面充满的多边形中，六角结构（蜂窝、炭单层）是边长之和最小的那种。开尔文猜想在2003年被证明是错的。

一般的数学教育内容都会包含简单的欧几里得几何学。那里面的几何形状，大体上都是一些多边形，且是区分形状和大小的。随着人们对几何认识的深入，还发展出了更高深的学问——拓扑学（topology）。拓扑学关切几何体的拓扑性质，其与大小、形状无关而只和topos（可理解为某种相对位置关系）有关。几何学的意义怎么强调都不为过，几何是物理学的语言，甚至有物理学几何化的说法。拓扑学近年来深刻地影响了物理理论的发展，量子力学、相对论、固体理论都纳入了拓扑学的语汇。学习拓扑学常被视为畏途，不过若你体会了它的重要性，就不敢过其门而不入了。

再啰嗦一句，当我们学习某内容发现极其难以理解时，这可能是预备知识不够造成的。物理学是一条思想的河流，如果沿着其发展的脉络探寻的话，会发现它虽然偶尔有些起伏跳跃，但不会有大峡谷式的罅隙。如果真有这样的罅隙，那你的机会来了，remplir cette lacune，科学发展的一个模式就是填补空隙。

建议阅读

[1] David S. Richeson. Euler's Gem: The Polyhedron Formula and the Birth of Topology. Princeton University Press, 2012.

[2] H. Graham Flegg. From Geometry to Topology. Dover Publications, 2001.

17　晶体空间群

晶体具有规则的外形，来自内部原子的规则排列。晶体具有最小的重复单元，是由最小重复单元在三维空间堆积起来的，即晶体具有平移对称性。对称性可以用群这个数学概念来表征。平移对称性限制了晶体重复单元只有 $n = 1, 2, 3, 4, 6$ 次转轴，因此晶体只有32种点群（单胞的对称性）。32种点群同三维空间中平移操作的组合，决定了晶体只有230种空间群。不管有多少种具体的晶体，按照对称性分类只有230种。二维情形下，$n = 1, 2, 3, 4, 6$ 次转轴加上镜面反映只能得到10种点群；10种点群与二维空间中的平移操作组合，只能得到17种二维空间群。远在人类有群论知识之前，许多文明都认识到了二维晶体只有17种对称性，反映在二维装饰图案（比如窗棂）的设计上。

晶体，晶格，晶系，点群，空间群

1. 晶体

天然晶体金刚石　　　　　水晶　　　　　　　硫磺

　　大自然中存在许多固体，其中一些固体具有规则、美观的外形，比如见于火山口的金刚石、水晶和硫磺等，它们被称为晶体。晶体具有规则的外形，如果仔细观察，会发现其小面之间呈恒定的夹角，与晶体大小无关（上图）。打碎的晶体小块中能看到许多相似的形状，这让人们猜测晶体具有一个最小的几何单元，称为单胞（unit cell），晶体是单胞在三维空间中堆砌而成的，类似纸箱子堆满仓库。平行六面体（特例为正方体）、开尔文爵士的截角八面体，都能充满整个空间（下页图）。由此而来的一个认识是，晶体具有平移对称性，平移对称性又决定了晶体中允许存在的转动只有 $n = 1$，2，3，4，6 次转动这五种可能，这被称为晶体学限制定理（crystallographic restriction theorem，参见下文）。作为数学的表现是，描

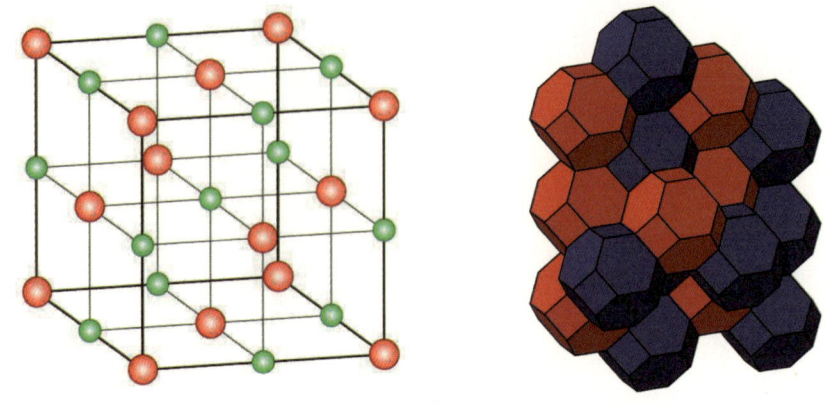

正方体和截角八面体都能充满整个空间

述晶体转动的矩阵的迹（trace of matrix），必为整数。这个晶体学限制定理，还有个简单证明。考虑到晶体是原子层堆垛而成，故而只需考虑一个平面上的排列方式所允许的转动。平面有两个独立方向，这注定了平行四边形是平面上的单胞。画两组呈一定夹角的线簇，可看到是平行四边形的单胞铺满整个平面。任意改变平行四边形的边长比和夹角，可看出这个平面铺排的花样会出现哪些转动对称性：任意的边长比和夹角，没有转动对称性，或者说只有$n=1$次的转轴；夹角$90°$，边长不等，对应$n=2$次的转轴；夹角$90°$，边长相等，对应$n=4$次的转轴；夹角$60°$，边长相等，对应$n=3(6)$次的转轴。

平移对称性决定了晶体中只有$n=1,2,3,4,6$次这五种转动，这限制了晶体单胞所能具有的对称性（点群），也就限制了单胞对称性与平移对称性的组合（空间群）。实际的三维晶体只有32种点群，230种空间群。为了理解的方便，本篇多借助二维情形展开相关讨论，二维晶体只有10种点群，17种空间群。二维的空间群又叫墙纸群（wallpaper group），亲切吧！

2. 对称性与群

对称性可用群的概念描述。群的概念是研究几何和代数方程解的时候提出来的。若一组操作（operation，动作）满足如下四个条件：

（1）有一个单元操作 I（操作以后对象不变，或者是啥也没干）

（2）两个操作接连完成的效果等于这个集合里某个单一操作的效果（用数学语言，$G \times G \in G$）

（3）操作满足结合律〔用数学语言，$g_i(g_j g_k) = (g_i g_j)g_k$〕

（4）每一个操作都有逆操作（用数学语言，总存在 $g_j = g_i^{-1}$，$g_i g_j = g_j g_i = I$）

这一组动作就构成一个群（group）。其实，群就是一种特殊的集合，其元素间定义了满足结合律的乘法，且按照这个乘法每一个元素还都有逆。晶体的对称性操作就满足群的定义。注意，一个群元素可以表示为一个数学对象，比如矩阵，因此群是物理学研究的重要工具。

举例来说，下页左图为鸡蛋花，五瓣，绕中心轴转 $\dfrac{2\pi}{5}$ 看不出曾有过转动。我们说（理想的）鸡蛋花具有 C_5 对称性，其对称群为 C_5 群。关于鸡蛋花的对称操作有转动 0，$\dfrac{2\pi}{5}$，$\dfrac{4\pi}{5}$，$\dfrac{6\pi}{5}$ 和 $\dfrac{8\pi}{5}$ 角这五种可能，可以验证它们满足群的定义。又比如右图中的三叶草，它的对称性和正三角形是一样的，绕中心轴转 $\dfrac{2\pi}{3}$ 角和相对于过顶点的中线作镜面反映（σ 操作），都看不出变化。（理想的）三叶草具有 D_3 对称性，其对称群为 D_3 群。关于三叶草的对称操作有转动 0，$\dfrac{2\pi}{3}$，$\dfrac{4\pi}{3}$ 角和镜面反映 σ_1，σ_2，σ_3 这六种可能，可以验证它们满足群的定义。

C_5 对称的鸡蛋花　　　　　　　　　　　D_3 对称的三叶草

3. 二维晶体的点群与空间群

二维空间里，转动只有 $n = 1, 2, 3, 4, 6$ 次转轴5种可能，这构成了 C_1，C_2，C_3，C_4，C_6 5种点群。添加镜面反映（其实是线反映）也各只有一种可能，$D_n = C_n \otimes \sigma$，这构成了 D_1，D_2，D_3，D_4，D_6 5种点群。这样，二维点群总共就这么10种。此处使用熊夫利斯（Schönflies）记号，下同。

已知二维点群，使其同平移对称性结合（有时有多于一种的方式），可以构造出二维空间群。用通俗的话来说，设想你设计平面装饰图案，你先在平面上划格子（lattice），格子具有某种平移对称性（平移群），然后设计重复单元（motif），重复单元具有某种转动加镜面反映的对称性（点群）。若重复单元与格子相匹配，就可以在每个格点上放上那个重复单元，就凑成了整幅具有某种特定对称性（空间群）的图案。二维空间群（墙纸群）是建筑、服装、绘画、材料、科研等专业的工人的必备知识。

现在看二维点群与二维格子构成二维空间群的具体情况。先介绍要用到的术语。C 是cyclic（循环的、转圈的）的首字母，D 是dihedral（二面的）的首字母，p 是primitive（初级的）的首字母，c 是centered（带心的）的首字母，*m* 代表 mirror（镜面），*g* 代表 glide（滑移面——经这个面反映后，还要移动一段距离）。空间群的记号会大致告诉你晶体的对称性特征，比如 *pmg* 是初级晶格 + 镜面 + 滑移面，*cmm* 是面心晶格（单胞是带心的长方形）+ 垂直方向上的镜面。二维空间群共17种可能，排列如下：

（1）点群C_1，C_2，C_3，C_4，C_6分别对应空间群 *p1*，*p2*，*p3*，*p4*，*p6*

（2）点群D_1 　　　　　　　　对应空间群 *pm*，*pg*，*cm*

（3）点群D_2 　　　　　　　　对应空间群 *pmm*，*pmg*，*pgg*，*cmm*

（4）点群D_3 　　　　　　　　对应空间群 *p31m*，*p3m1*

（5）点群D_4 　　　　　　　　对应空间群 *p4m*，*p4g*

（6）点群D_6 　　　　　　　　对应空间群 *p6m*

重复单元的对称性与晶格对称性的匹配问题，高对称性的重复单元要求高对称性的格子。其中，点群C_3，C_6，D_3，D_6要求六角格子，其单胞是夹角60°的菱形；点群C_4，D_4要求正方格子。为了加深理解，下图中给出了

空间群为*pm*, *p4m*, *p31m*, *p6m*的二维图案

一些具有空间群的花样，读者可自己试试找出相应的重复单元和单胞。二维空间群只有17种被认识已有几个世纪了，它的别名墙纸群可资为证，但其证明，或曰基于数学知识的列举，要等到1891年才由菲德罗夫（Евгра́ф Степа́нович Фёдоров，1853–1919）给出。

4. 三维晶体的点群与空间群

三维空间依然只有平面型的转动，即只有$n = 1, 2, 3, 4, 6$次五种转动，但多了一个维度，因此就扩大了转动与镜面反映组合的可能性。转轴除了C和D的区别外，要加入一个镜面，可能是v（vertical，竖直的，镜面过转轴），可能是d（diagonal，对角的，镜面过转轴），也可能是h（horizontal，水平的，镜面垂直于转轴）。此外，还有转动与镜面反映的组合S（Spiegel，德语镜子），以及高对称的T（tetrahedron，正四面体）群和O（octahedron，正八面体）群。三维点群可列举如下。C_1, C_2, C_3, C_4, C_6共5种，加h得C_{nh} 5种，加v得C_{nv} 5种；D_1, D_2, D_3, D_4, D_6 5种，加h得D_{nh} 5种，加d得D_{nd} 5种。以上加起来共30种。然而，在三维空间中$C_{1v} = C_{1h}$，$D_1 = C_2$，$D_{1h} = C_{2v}$，$D_{1d} = C_{2h}$，而D_{4d}，D_{6d}意味着存在8次和12次转轴，是不允许的。排除这6种可能，实际上得到的是24种点群。加上更复杂的组合S_2，S_4和S_6；T，T_h，T_d；O，O_h。又有8种，故总共有32种点群。这32种点群，对称性高低不同，O_h，D_{6h}，D_{4h}分别占据最高端，其它低对称性点群是高对称性点群的子群，见下页图。32种点群的结果，由赫赛尔（Johann Friedrich Christian Hessel，1796–1872）于1830年推导出来。

32种点群与三维空间平移对称性的组合，可得到230种空间群（若不同

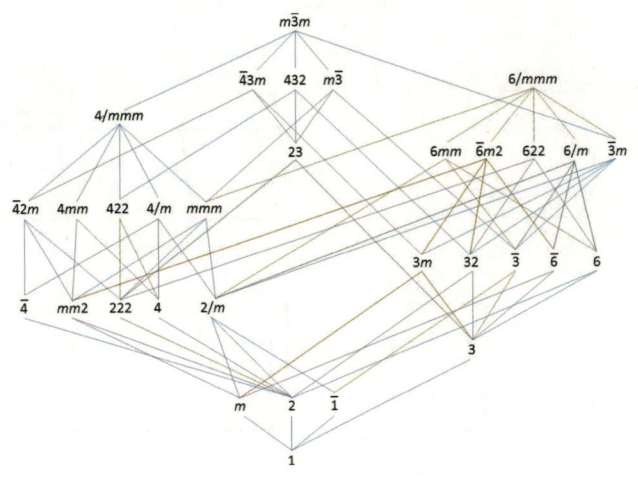

32种三维空间点群的关系〔此处使用的是赫－莫（Hermann-Mauguin）空间群符号〕

手征的只算一种，是219种）。三维空间群由菲德罗夫和熊夫利斯于1891年独立地列举，但各有疏漏。1892年两人在通讯中互相校正，得到了230种正确的列表。由于内容太多，此处不一一列举了。有兴趣的读者，尤其是凝聚态物理类的研究生，请参阅相关专业书籍。这中间的一个关键步骤是，确立了三维空间的格子只有14种，这是由法国人布拉菲（Auguste Bravais, 1811–1863）于1850年完成的。所谓的布拉菲格子，是由那个根据平移能够充满空间的单胞（平行六面体）的形状加以表征的。布拉菲格子，用其单胞来指代，按照点群对称性由低到高，分别有：三斜晶系/C_i一种，单斜晶系/C_{2h}两种（外加带底心的），正交晶系/D_{2h}四种（外加带底心的、带体心的、带面心的）、四方晶系/D_{4h}两种（外加带体心的），六角晶系/D_{3d}和D_{6h}各一种，以及立方晶系/O_h三种（外加带体心的、带面心的）。如下页图所示：各种教科书内鲜有排列顺序正确的图示，甚至有把三方晶系和三斜晶系并列的图解。顺便说一句，布拉菲是群论创始人之一伽罗瓦在巴黎工科学校的同班同学。

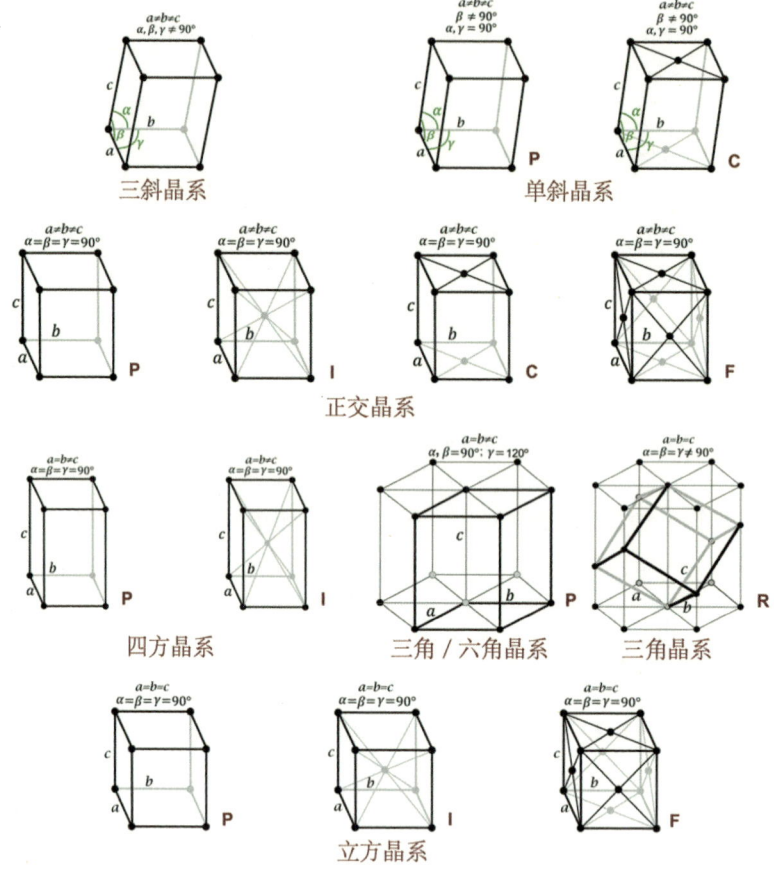

从上到下按对称性排列的14种布拉菲格子

5. 点群与空间群的再推导

点群与空间群的关系，来自晶体平移对称性的约束。晶体的平移对称性宣称，若在空间某个点$r(x, y, z)$上有原子，存在三个线性不相关的基矢量

a_1, a_2, a_3，在 $R = n_1a_1 + n_2a_2 + n_3a_3 + r$ 处（n_1，n_2，n_3 是任意整数）必有原子。但若将该原子放到合适的格点上，公式中的 r 值，以基矢量来表示，也只能是有限的几种可能（与带心的单胞和滑移面有关）。这个平移对称性限制了单胞形状的可能，也限制了点群和空间群的数目。

从数学的角度来看，晶体中的变换不改变空间中任意两点间的距离，因此它必须是取向欧几里得空间里的等距群（group of isometries of an oriented Euclidean space）的元素。因为原子是离散的，所以点群、空间群也是分立的（离散的、分立的，discrete）。空间群的一个元素，由 (M, D) 构成，其作用是等距变换 $Y = M \cdot X + D$。其中 M 是个矩阵，M 矩阵形成一个点群；D 是个矢量，由点群和点群能匹配的晶格共同决定。考虑到平移对称性意思是 $R = n_1a_1 + n_2a_2 + n_3a_3 + r$ 中的 n_1，n_2，n_3 是任意整数，空间群可以看作是某些整数域上的变换群。从群论出发，硬推导出三维空间的230种可能，对谁都是挑战。熊夫利斯的导师是大数学家库默尔和魏尔斯特拉斯，而魏尔斯特拉斯可是分析学的奠基人。

2007年，赫斯顿斯（David Hestenes，1933–）用欧几里得空间的共形几何代数方法给出了二维、三维情形下晶系、点群和空间群的详细推导。更重要的是，还给出了各个空间群的生成元。不过，追踪过赫斯顿斯用几何代数重写整个物理学努力的人太少了。不知道将来是否有有能力对晶体学感兴趣的人详细讲解这项工作。

多余的话

晶体学群论的工作，是由一批德国和俄罗斯科学家完成的。矿物学发祥于这两个国家（外加法国），相关的数学这两个国家的人有能力掌握，因此由他们构造晶体群以及考虑更高维格子、更复杂 motif 之晶体的群（比如色群）就是天经地义的了。这些工作追求的是关于物质的结构原则，结构原则同样适用于数学——结构是数学的最高原则。Some mathematical structures show up in many different contexts, under many different guises. 推导出完整的空间群是很困难的，从32种点群于1830年由一人推导出来到230种空间群于1891–1892年由两人才正确推导出来，这其中的难度可以想象。可惜这些文献多是德语和俄语的，尤其是那些珍贵的俄语文献鲜有译文，现在更没有人肯去掌握了。

还有一点难能可贵的是，德国和俄罗斯的科学家、工程师们似乎有点儿傻傻地真心热爱科学。一个理所当然的结果是，他们的人工晶体长得非常好。俄罗斯人不仅有多种系统的晶体学教科书，他们长晶体也是最棒的。看着俄罗斯人生长的一人多高的硅单晶，令人不由得肃然起敬。

固体物理学教育在吾国已经开展多年了。然而，关于晶体结构数学的介绍，基本上还只停留在固体有32种点群、230种空间群这么一句肤浅的介绍上。群论、群表示论、空间群的导出与表示、空间群在计算物理方面的应用、空间群对物质物理性质的限制、空间群对物质刺激–响应行为的限制，这些似乎都应该成为凝聚态物理类研究生的必备知识才对。

2018年是一个"伤芯"之年，我们终于认识到，处于信息时代而不拥有芯片制造技术是多么可怕。然而，芯片需要高质量的晶体，而高质量晶体的生长及其后的器件制备，是需要有懂晶体学的科学家和工程师的，这一点但愿我们将来也能认识到。数学和物理才是一个国家、一个民族的核心竞争力。我说的，我信。

建议阅读

[1] A. V. Shubnikov, V. A. Koptsik. Symmetry in Science and Art. Plenum Press, 1974.

[2] George Pólya. Über die Analogie der Kristallsymmetrie in der Ebene（关于平面上晶体对称性的类比）. Zeitschrift für Kristallographie, 1924, 60: 278-282.

[3] Arthur Schönflies. Theorie der Kristallstruktur（晶体结构理论）. Gebrüder Borntraeger, 1923.

[4] E. S. Fedorov. Симмтрія правильныхъ системъ фигуръ, 1891. English translation: David and Katherine Harker. Symmetry of Crystals //American Crystallographic Association. American Crystallographic Association Monograph 7, 1971: 50-131.

[5] Johann Jakob Burckhardt. Zur Geschichte der Entdeckung der 230 Raumgruppen (230 种空间群的发现史). Archive for History of Exact Sciences, 1967, 4(3): 235-246.

[6] A. Bravais. Mémoire sur les systèmes formés par les points distribués régulièrement sur un plan ou dans l'espace. J. Ecole Polytech., 1850, 19: 1-128. English translation: Memoir on the Systems Formed by Points Regularly Distributed on a Plane or in Space. Crystallographic Society of America, 1949.

[7] David Hestenes, Jeremy W. Holt. The Crystallographic Space Groups in Geometric Algebra. Journal of Mathematical Physics, 2007, 48(2): 1-25.

18

准晶作为高维晶体的投影

来自自然的晶体概念，引导人们建立起了基于平移对称性的晶体学，其所允许的转动只有$n=1, 2, 3, 4, 6$次五种可能。具有8次、10次和12次转动对称性的准晶的发现让人们既兴奋又困惑。跳到高维空间去，研究不同维度下转动变换的order number（阶数），就能够知悉不同空间中其实是允许不同的转动对称性的。三维空间中的8次、10次和12次准晶都可看作高维晶体的投影。

准晶，投影，高维晶体

1. 晶体没有5次转动轴

　　大自然为我们呈现了一种绝美的物质结构——晶体，金刚石、水晶、硫磺等等都是天然晶体。晶体有非常规则、对称的外观。就是从晶体小面的夹角为某些固定值的观察事实，人们意识到晶体是由具有固定几何形状的单胞在空间中堆垛而来的，因此晶体学首先是几何学。用数学的语言来描述，晶体具有这样的性质：若在空间某个点$r(x, y, z)$上有原子，存在三个线性不相关的基矢量a_1，a_2，a_3，在$R = n_1a_1 + n_2a_2 + n_3a_3 + r$处（$n_1$，$n_2$，$n_3$是任意整数）必有原子。晶体的这个性质，被表述为晶体中原子的排列具有平移对称性，即晶体中任意由矢量$n_1a_1 + n_2a_2 + n_3a_3$联系的两点是等价的。晶体具有平移对称性带来的一个重要限制是，晶体中只存在$n = 1, 2, 3, 4, 6$次转动对称性，即晶体中存在某些方向，以这些方向为轴转动某个角度后，晶体中的局域原子环境不变（对于完美的晶体，从外观上也能看出这一点），这些角度可表示为$\theta = 2\pi/n$，$n = 1, 2, 3, 4, 6$。考察一个正方体（下页左图），容易看到穿过对边中心的轴，是2次转动轴（C_2），转过$\theta = \pi$角后，注意不到正方体被转动了；穿过对面中心的轴，是4次转动轴（C_4），转过$\theta = \pi/2$角后，注意不到正方体被转动；穿过对顶角的轴，是3次转动轴（C_3），转过$\theta = 2\pi/3$角后，注意不到正方体被转动。在蜂窝那样

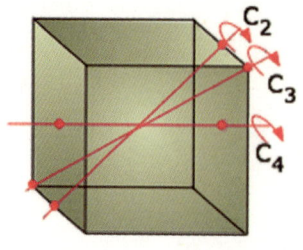

正方体的2次、3次和4次转动轴

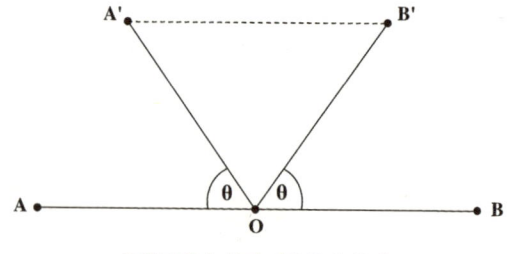

平移对称与转动对称性的关联

的晶体结构中，穿过每个六角形单元中心的轴是 6 次转动轴。那么，怎么证明晶体的转动轴只允许 $n = 1, 2, 3, 4, 6$ 这五种情形呢？

证明过程如下，见右图。若晶体允许 n 次转轴，考察某个方向上相邻的三个原子。绕过原子 O 的 n 次轴将联系 OA 的线段顺时针转过 $\theta = 2\pi/n$ 角，原子 A 落在点 A' 上；绕过原子 O 的 n 次轴将联系 OB 的线段逆时针转过 $\theta = 2\pi/n$ 角，原子 B 落在点 B' 上。按照平移对称性和转动对称性的定义，点 A' 和点 B' 也都是等价的原子占位，线段 $A'B'$ 与 AB 平行，其长度必是 OA 长度的整数倍，即 $2\cos(2\pi/n)$ 必须是个整数，解为 $n = 1, 2, 3, 4, 6$。其中，$n = 1$ 是平凡的，可以忽略。关于这个问题的证明，是固体物理的常识。

2. 准晶

细心的读者可能已经注意到了，晶体中没有 5 次转动轴，$n = 5$ 被跳过了。按说跳过就跳过了呗，没啥遗憾的，大自然的奥妙自有其合理处。但也有人把找到 5 次对称的铺排方式（晶体可以理解为用同一种砖块铺满整个空间的结果）当成挑战。作为数学游戏，彭罗斯（Roger Penrose，1931–）于 1974 年给出了由两种结构单元组成的彭罗斯铺排图案，该二维图案整体上具有5次转动对称性（下图）。彭罗斯的铺排方案，用了两种砖块（tile）且没有平移对称性，不算是晶体结构，当时也没有引起物理学家的注意。

一种具有5次转动对称性的彭罗斯铺排

　　没有平移对称性，对于固体物理学家来说麻烦很大。若一块固体是晶体，其中原子的位置是有规则的，能用一个简单的数学表达式写下来，那关于晶体的定态薛定谔方程 $\left(-\dfrac{\hbar^2}{2m}\nabla^2 + V(r)\right)\psi = E\psi$ 中的势能 $V(r)$ 就是可以简单表达的，晶体中电子的色散关系 $E = E(k)$ 就是可方便求解的。解得靠谱不靠谱再说，反正这个过程让物理学家理解了什么是导体，什么是绝缘体，由此提出了半导体的概念，从而彻底地改变了我们的世界。如果遇到外观和内部原子排列看似都很规则的固体竟然没有平移对称性，那固体物理学该如何处理它呢？

　　有这样的固体吗？如果没有这样的固体，就没必要杞人忧天。没必要吗？杞人忧天在前也是有科学价值的。

　　1984年，谢希特曼（Dan Shechtman，1941-）在Al-Mn合金的透射电镜衍射图像中看到了10次对称图案，这是完美晶体中不会出现的。紧接着在很

163

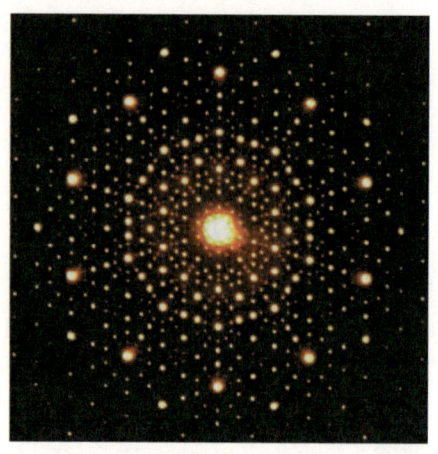

AlNiCo合金的电子衍射花样

多合金样品中观察到了10次对称衍射花样（上图），由此人们注意到了准晶的存在。*准晶中原子排列是有序的，但没有平移对称性，所以才被称为准晶（quasicrystal）。目前已确认存在具有8次、10次和12次转动对称性的三维准晶。

准晶的发现，让许多学科的研究者兴奋了一阵子。对准晶的研究，从数学到文化，从物理到材料，可算是全方位展开。这其中，关于准晶的数学研究，多有出人意料的成果。此前的彭罗斯铺排图案，就算是准晶研究的先驱了。5次转轴和 $\frac{2\pi}{5}$ 转角，与黄金分割数 $\varphi = \frac{\sqrt{5}+1}{2}$ 有关。注意，黄金分割数还可以写成 $\varphi = 0.5 \times 5^{0.5} + 0.5$，它和斐波那契数列1，1，2，3，5，8，13，21，34，55，89，…有关，是斐波那契数列相邻两项之商的极限。斐波那契数列的核心性质是 $F_n + F_{n+1} = F_{n+2}$，即每一项的值是前两项的值之和。反过来看，按照斐波那契数列方式排列的结构，和黄金分割数有关系，就和

---

*　准晶虽然是在人工样品中先发现的，但大自然中本就存在准晶结构的矿物，准晶原
　　子结构花样此前也早被人类作为纯粹的装饰图案构思出来了。

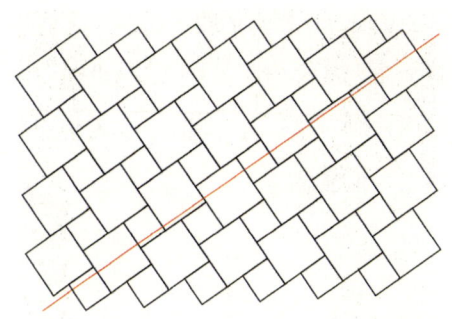

由一大一小两个方块拼在一起作为单元的方格子，
其在红线上的投影是斐波那契数列表征的一维准晶结构

5次转动有关。比如，假如有一大一小两个结构单元，按照小大，小大大，小大大小大……方式排列，这个排列很有序，其每一处的结构模块由前面两个结构模块按照先来后到的方式拼接而成（这就是斐波那契数列的定义），但是没有平移对称性。如上图沿着红线自左下向右上，红线被方块切成的线段的排列就是短长，短长长，短长长短长……的方式，这是一维准晶。但是，注意方块组成的图案，若将一小一大两个方块当成一个结构单元，这则是一个简单方格子（square lattice）结构，它是二维的晶体。二维晶体在某个方向上的投影，如上图中方格子在红线上的投影，竟然是一维准晶！你惊讶不惊讶？

这个关于二维晶体在某个方向上的投影竟然是一维准晶的描述，不是很令人信服。请允许我给个数学稍微严谨点儿的表述。考察二维格子（Z^2），即每个格点的坐标是一对整数 $(m, n)^*$ 的方格子（下页图）。作直线 $y = (\varphi - 1) \cdot x$ 用来投影，过点 $(0, 1)$ 和 $(1, 0)$ 作线 $y = (\varphi - 1) \cdot x$ 的平行线。考察这两条平行线所形成的带状区域附近的格点，将每个格点投影到直线

---

* 　也可以把坐标 (m, n) 表示成 $m + i \cdot n$。这样的复数称为高斯整数，笔者就是利用高斯整数证明了方格子在无穷多个方向上具有单向缩放对称性，参见笔者著《一念非凡》。

$y = (\varphi - 1) \cdot x$上。你会发现，这格点的投影，相互之间只有一大一小两种间距，且呈一定的花样分布。从这个意义上说，这些的分布是有序的，但是却没有平移对称性。如果你取一部分出来观察，会发现斐波那契数列描述的分布，那些投影点形成了一维准晶。

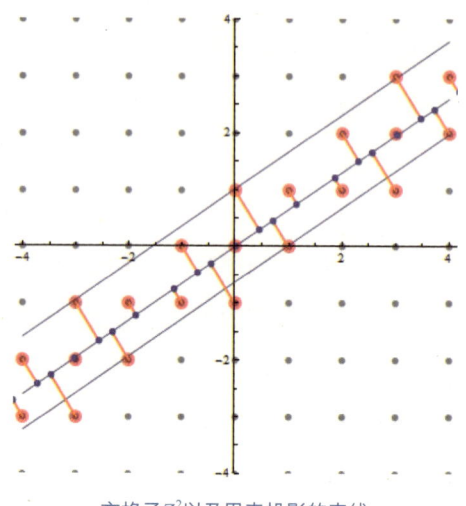

方格子Z^2以及用来投影的直线

这太有趣啦。有序的准晶结构，没有平移对称性，但竟然是某个高维晶格的恰当投影（投到恰当选择的低维对象上）。到高维空间去可让我们能够理解准晶隐蔽的对称结构。那么，准晶都是更高维空间中某个晶体结构的投影吗？是与不是都很重要，如何证明？

要证明准晶都是高维晶体的合适的投影，一种是数学意义上的严格证明，从某些靠得住的公理、定理出发，逻辑地一步一步从某个高维晶体结构导出所有的准晶结构。另一种是有点儿物理味道的证明，如果能找到合适的方法，构造出准晶作为其投影的高维晶体结构摆在那儿，那也是一种证明！

一旦明确了寻找投影为准晶结构的高维晶体这样的研究方向，对于熟悉自十九世纪就发展了的高维几何的数学家——尤其是法国的数学家——来说，这还真不是难事。举一例来说明一个准备性工作。5种柏拉图多面体中的正十二面体和正二十面体是具有5次转动轴的，而一旦发现晶体中就有10次和12次准晶，正十二面体就不可避免地成了关注的对象。数学家小试牛刀，发现连接着自中心到正十二面体顶点的12个矢量是六维欧几里得空间E_6中六维正方形对角线组成的交叉到三维欧几里得空间E_3空间上的投影。1995年前后，塞尼查尔（Marjorie Lee Senechal，1939-）给出了能得到准晶点集的正则投影法和多格网法，非常有效地用于构造投影具有非晶体转动对称性的点集的高维晶格。比如，Z^5空间中的五维立方格子投影到一个面上，得到的点集可看作二维准晶（下图）。高维空间当然容纳更多的结构，不只是准晶结构，其它转动对称性的结构也容易找到相应的高维晶格。5次、10次、8次和12次转动对称的平面结构都可以从四维晶格得到。

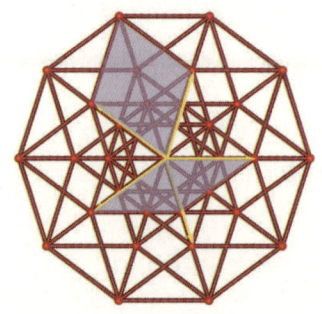

五维立方格子投影到一个面上可得到二维准晶（局部）

4. 维度啊维度

《三体》中有一个梗，说三体人对咱们地球人的攻击是"降维攻击"。这人与人之间的差别不在广度（extension）上。拥有相同维度（dimension）的不同空间，能差到哪儿去？怕就怕差在维度上。平面上有一条线，随机在平面上画点，点落到线上的概率为零。点当然可以落到那条线上，还可以有无穷多个点落到那条线上，但点落到那条线上的概率依一然一为一零！可怜的一维的线，面对二维的面，它都不知道自己的无穷大都是0。

从更高维度空间看三维真实空间里的物理问题，能看透更多本质性的东西。养成到更高维度的空间中看问题的习惯，物理学家要多向数学家学习。三维（二维）晶体只有$n = 1, 2, 3, 4, 6$次转动轴的事实，引出了晶体学限制定理。如果我们跳到更高维度的空间里去看这个问题，就要转换思路。高维空间里的转动，不再是平面型的（planar），应使用$N \times N$转动矩阵讨论为宜，关切的是整数矩阵（integer matrix）话题。函数Ord_N是$N \times N$转动矩阵A允许的阶数k，即使得$A^k = I$的k的取值。对于真实晶体涉及的晶体学限制定理，它叙述的事实是$Ord_2 = (1, 2, 3, 4, 6)$。欲实现8次、10(5)次、12次转动，要求转动矩阵至少是4×4的。注意$Ord_4 = (5, 8, 10, 12)$，准晶恰好是有8次、10(5)次、12次转动轴，或许这说明准晶与四维空间有缘，它应该就是四维空间里的晶体？$Ord_6 = (7, 9, 14, 15, 18, 24)$，也许六维空间离咱们太远，所以观察不到7次、9次对称的物质结构。说不定哪天会遇到呢，天知道。

多余的话

晶体中的原子具有平移对称性，准晶中原子排列是有序的，但不具有平移对称性。准晶与晶体有明显的可区别的特征。但是，后来我们认识到准晶结构必定是高维晶体的投影，此一发现又表明晶体和准晶之间似乎没有必然的界限。坚持分别晶体和准晶怕是犯了执念。这事最终的解决方案有点儿出乎意料：原来的晶体和准晶统一为晶体，但晶体的定义改变了：晶体的定义特征不再是原子排列具有平移对称性，而是说衍射图案（原子排列的傅里叶变换）由明锐的点组成的结构是晶体。

我们的世界是三维的，人类生活在二维的地表上。早在古希腊时期，关于二维、平直空间的平面几何就已经成了系统化的知识，关于三维空间的立体几何也多有谈论，但是高维几何概念的发展要到十九世纪才由哈密顿、凯莱、施莱夫利（Ludwig Schläfli，1814–1895）和黎曼等人来开拓。把我们的几何观念从习惯的、可依靠经验的三维世界拓展到四维以上的世界要延宕到十九世纪，原因除了思维惯性以外，很多人头脑中不能构建高维图形也是一个重要原因。直观不行，那就要借助数学的手段，mathematics makes the invisible visible（数学呈现不可见者），信矣哉！

顺便说一句，由高维晶体投影并不是得到准晶结构的唯一途径。笔者的学生廖龙光博士就用函数 $y = \arcsin(\sin(2\pi\mu n))$，其中变量 n 取整数，取 $\mu = \sqrt{2} - 1$ 和 $\mu = 2 - \sqrt{3}$，分别得到了8次和12次准晶结构。这里的奥秘是，熟悉相关的数学并且不辞辛苦地尝试。人们能看到研究者的灵感，但灵感来自实践。

建议阅读

[1] Marjorie Senechal. Quasicrystals and Geometry. Cambridge University Press, 1995.

[2] Jean-François Sadoc, R. Mosseri. A New Method to Generate Quasicrystalline Structures: Examples in 2D Tilings. Journal de Physique, 1990, 51(3): 205-221.

[3] Longguang Liao, Zexian Cao. Directional Scaling Symmetry of High-Symmetry Two-Dimensional Lattices. Scientific Reports, 2014, 4: 6193.

19 泡泡合并构型的证明

你知道两个泡泡凑在一起的构型是什么样子吗？单个泡泡是由光滑的面组成的，多个泡泡凑到一起的构型就包含有奇性的部分了。对泡沫构型的数学证明不仅需要变分法，还需要几何测度论。

泡泡，普拉托定理，最小面，

几何测度论

1. 泡泡

夏天下雨的时候，雨滴打在积水上有时候会击打出气泡（bubble）来。气泡刚产生时会四下游移，然后没过多久就啪的一声破裂了。这说明气泡的产生和维持都是需要满足某些条件的。干净的水不容易产生气泡。气泡内外的压差 Δp 同界面能 γ 和界面几何之间的关系为 $\Delta p = \gamma\left(\dfrac{1}{R_1} + \dfrac{1}{R_2}\right)$，其中 R_1，R_2 是液膜的主曲率半径，γ 是液体的表面张力，又叫表面能。对于球形气泡，$R_1 = R_2 = R$，R 是气泡的半径，气泡的内外压差为 $\Delta p = \dfrac{2\gamma}{R}$。常温下纯水的表面能高达约 $72\ \mathrm{mJ/m^2}$，这几乎是液体金属以外的物质能达到的最大值，因此半径在毫米以下的水气泡，其内外压差是大气压量级的。加入肥皂、酒精、草木灰一类的物质能显著降低水的表面能（把水这样弄脏了才能洗衣服），有助于水泡的产生。吹泡泡大概是最简单的游戏了：向清水里加入一些洗洁精，再找一根吸管，一件能给孩子带来无穷乐趣的玩具就做好了。看着因为吹泡泡而欢呼雀跃的孩子，成年人的心里想必也充满了欢乐。

有些成年人在吹泡泡时，内心充满的除了欢乐还有深刻的数学和物理。醉心于吹泡泡的大神有著名的物理学家开尔文爵士，那可是热力学的奠基人、熵概念的缔造者、维多利亚时代物理学的良心。据说其侄女1887年到乡

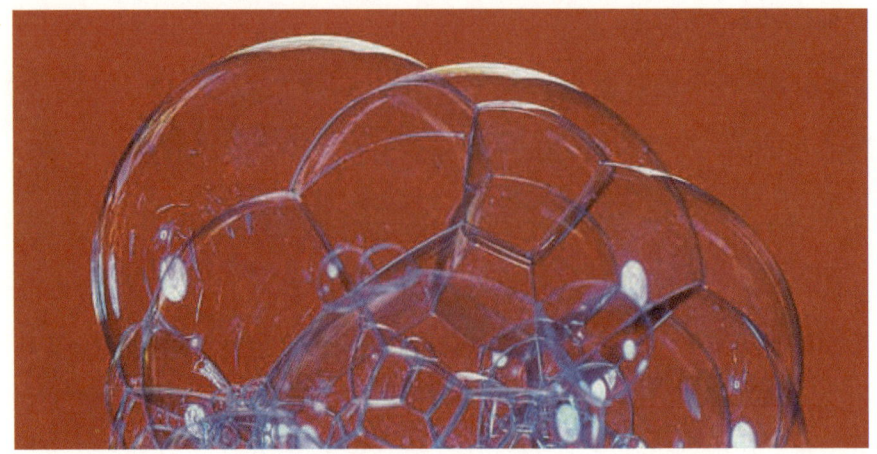

泡泡（bubbles）的聚集体是泡沫（foam）

下去看望他时，德高望重的老爵士就在忙着吹泡泡。很多泡泡聚在一起，形成泡沫（foam），见上图。泡沫的整体构型是表面能（表面积）最小的构型，这是一个我们坚信不疑的物理原理。不知是否是受泡沫的启发，开尔文爵士猜测，截角八面体堆积构型的总表面积最小，这即是所谓的开尔文猜想。不过，1993年，威尔（Denis Weaire, 1942-）和费伦（Robert Phelan）找到了一种表面积更小的泡沫结构，从而判定开尔文猜想不成立。这是来自观察肥皂泡沫的一项重要的数学物理研究。

本篇要介绍的是关于泡泡的普拉托定理的证明。这是一类看起来简单、直觉上明白其是对的，但是却非常难以证明的著名命题之一。

2. 关于泡泡的普拉托定理

比利时物理学家普拉托（Joseph Plateau，1801–1883）是一个醉心于视觉研究和吹泡泡的人。普拉托是最早认识到视觉暂留的人，其晚年失去了视觉，据说仍指导侄子吹泡泡继续他的研究。他1873年出版的长达450页的《仅置于分子力之下的液体之静力学》一书是关于泡泡研究的经典。作为一个科学家，面对泡 – 沫（bubbles and foam）这种人所共知的存在，普拉托看出来了许多很不直观的内容。普拉托其人其事，特别适于用来阐述科学家（依人之本性而非职业而言）同非科学家之间的区别。

关于泡泡，一个孤立的悬浮气泡，不考虑空气流动或者重力、温度场对液体分布的影响，可以认为它是球形的。如果许多泡泡飘在空中，很可能会发生两个或多个气泡相遇而合并（merge/coalesce）的情形（下页上图）。那么，两个气泡相遇后其稳定构型是什么样的呢？三个气泡呢？或者笼统地说，气泡团簇（bubble cluster）的构型会是什么样的呢？一般人很容易想到，若两个气泡是完全等同的，则它们相遇后的构型必定是对称的，因此它们的边界必然是一个平面，两个泡泡各自的形状关于这个平面呈镜面对称。

然而，我们知道，一个球形气泡其内外压差为 $\Delta p = \dfrac{2\gamma}{R}$。因为飘在空中的气泡，其外部都是一个大气压，显然气泡越小，其内部压力越大。若一大一小两个气泡相遇，小的气泡会挤压大的气泡，进入到大气泡的内部（可能许多人此时的反应是：是吗？我没注意啊）以达到一个平衡的构型（下页下图），为此气泡内的体积和压力都要调整。

普拉托经过多年研究，得到了关于气泡及其合并构型的许多重要结论。可总结为普拉托定理如下：

（1）气泡由完整光滑的曲面（entire smooth surfaces）拼成；

比利时物理学家普拉托

单个气泡和聚在一起的气泡团簇

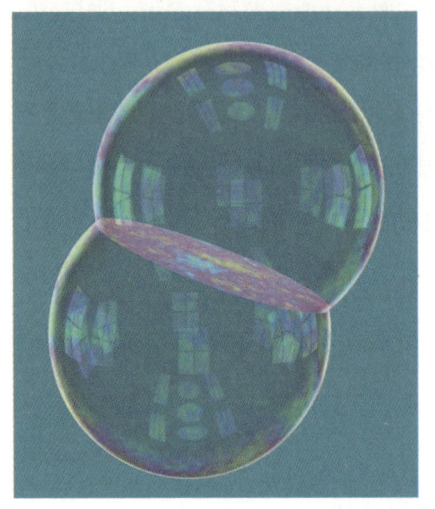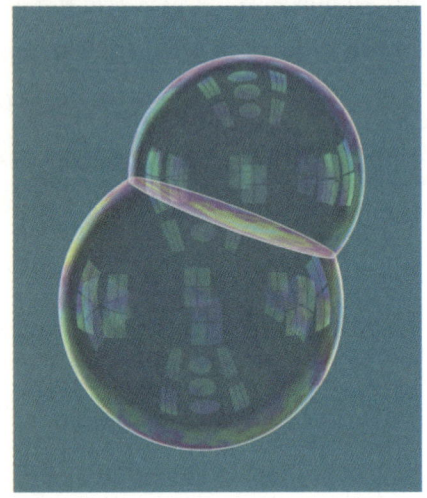

（左）两个全等气泡合并时，其界面是平面
（右）大小不等的两个气泡合并时，其界面是个小气泡突入大气泡一方的球帽

（2）气泡的每一片膜都是常平均曲率曲面（mean curvature is everywhere constant on any point on the same piece of a film）；

（3）泡泡表面的边界一定是由三表面两两相接构成的一条曲线（称作普拉托边界），在曲线上任意两曲面的交角为120°，即夹角为arccos（-1/2）=120°;

（4）普拉托边界之间相交一定是四条边界相交于一个点，四条边界线两两之间的交角都相同，等于正四面体的中心同各顶点连线所成的角，即夹角为 arccos (−1/3) = 109.47°。

这四条普拉托定理，除了第一条以外，其余的都不是那么直观，意思是不是寻常人通过观察就能总结出来的。普拉托定理第一、二两条谈论的是气泡（团簇）的光滑部分，第三、四两条谈论的是结构中存在的奇性（singularity）问题。普拉托定理第三、四两条的意思是，泡泡有两种相遇的模式，或者说气泡团簇的奇性有两类：要么是三个表面沿一条曲线相遇，要么是六个表面相遇于一点。最重要的是，相遇处相邻面之间的夹角是相等的，分别为120°或者109.47°。至于证明，我们会发现，这要求很高深的学问，包括微分几何和几何测度论等即便是对数学专业的人来说也不算容易的学问。不过，泡泡多有趣啊，为了理解泡泡，为了帮助孩子理解泡泡，学点儿微分几何、几何测度论什么的不是搂草打兔子的事吗？

3. 普拉托定理的证明

普拉托定理证明的关键是要证明有第三、四两条给出的相遇模式，还要证明此构型相对于变形是稳定的，且在此构型下面积最小。可以想见，这个问题的证明不能一蹴而就，它是一场智慧的接力。先看普拉托定理的第一条，气泡由完整光滑的曲面构成。对于一个自支持（free-standing）的气泡，即悬浮在空中的、单个的气泡，观察告诉我们它是球形的，此时结构不存在奇性，应该属于最简单的情形。然而，关于这个结论的证明，也有许多可訾议处。一般证明是纯数学角度的，论证给定面积的曲面，球面包裹的体积最大。这个证明据信在亚里士多德的《论天》（De Caelo）一书里就有。

从物理的观点来看，限定一个气泡的条件——忽略重力、温度等因素——是泡内气体的量（而非体积）和外部的环境气压。气体的流动性使得气压各向同性，它注定了气泡膜的构型具有最大的对称性，即球最称性。压力平衡的条件是硬性的，气泡膜的厚度（这是物理问题）会适度调整来达到平衡条件，因此也就调节了气泡内的体积。从气泡内体积恒定出发的数学证明与物理现实是有出入的。

普拉托问题证明的难点，是不容易做到without a strong initial assumption on the smoothness and symmetry，即很难做到一开始不对构型的光滑性与对称性作一些强的假设。在数学上，可以把曲面理解为从平面区域（2D domain）向三维空间的映射，变分法是求极值（比如要求面积最小）的方法。但是这个方法有很多弊端，其最大的问题就是缺乏紧致性。如果预先假定肥皂泡是紧致曲面的话，那么根据曲面微分几何中的阿列克桑德罗夫（Алекса́ндр Дани́лович Алекса́ндров，1912–1999）定理，这曲面必定是一个标准球面。然而，气泡团簇构型是一个含有奇性的结构，比如两气泡相遇后造成的界线，此处曲面发生弯折。可以想见，关于气泡问题证明的首要任务是分析奇性的结构，并予以分类。此问题的研究长达一个多世纪，相关成果也非得自一篇论文。

所幸的是，一个真正科学的问题不会只有一个侧面，它可能会以不同的面目遭遇不同的科学家。1964年，赫佩斯（Aladar Heppes）证明了球面上测地线以120°夹角相交的构型（这和普拉托定理的第三、四条有关）只有10种可能性（下页图）。接着，女数学家泰勒（Jean E. Taylor，1944–）证明了前3种以外的构型面对变形都是不稳定的，而前3种对应的就是光滑表面和普拉托定理的第三、四条涉及的奇性种类（types of singularity）。泰勒1976年顺着切锥（tangent cone）、等周不等式到奇性结构的路子，构造了一个对

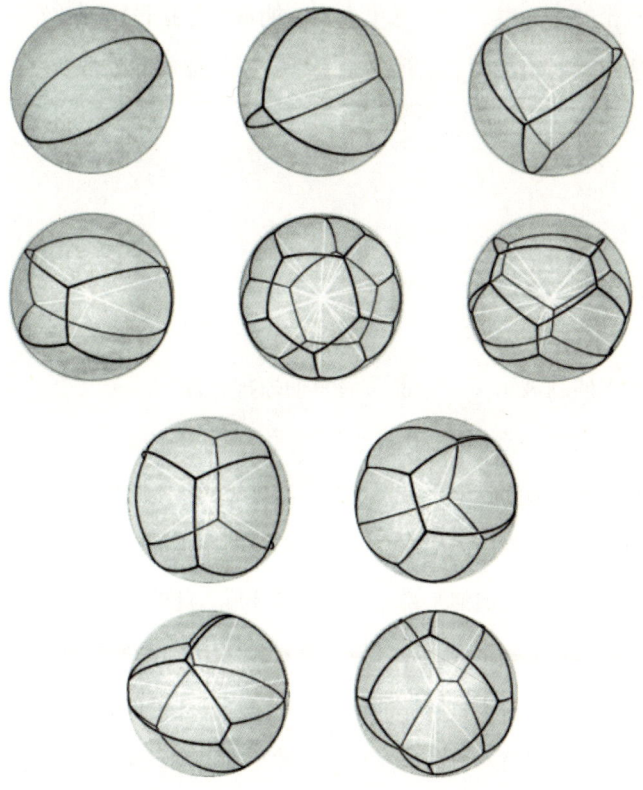

10种球面上以120°相交的测地线构型

普拉托问题的证明。如大家可能已经猜到的，这个证明是冗长的，且是有些限定的。这个证明利用了 rectifiable current（可求长的流）、测度等几何测度论的概念。大致说来，证明用到几何测度论的学问，可分为三部分：切锥分析，一个微分形式的等周问题不等式的证明，然后从此不等式得到微分结构。其中第一部分证明三维空间中面积最小的锥构型是 D（圆盘）、Y（半圆盘及其绕直径为轴转120°和240°之构型的交集）和 T〔$T = C \cap \{x : |x| \leqslant 1\}$，其中 C 是对中心在原点、顶角包括点 $(1, 0, 0)$ 和 $(-\frac{1}{3}, \frac{2}{3}\sqrt{2}, 0)$ 之正四面

体之一侧所张的中心锥〕。从这里大家应能看到普拉托定理的影子了。

有兴趣的读者请参阅文后所给的专业文献。捧起一本专业文献，是你走上专业道路的第一步！

多余的话

泡泡问题展示了一个非常简单的原理，即物理意义上的表面能最小或者数学意义上的面积最小，然而问题却未必那么简单。从物理的角度来看，哪怕完全不考虑重力、温度等因素的影响，泡泡问题的外部约束也是外部压力恒定，而非数学证明擅长的给定边界的最小曲面问题。对于单个泡泡来说，其构型为球形，此时对称性最大。对称性最大意味着某些物理量取极值。笔者2018年才想到并坚信了这一点（比如笔者坚信金刚石的极大杨氏模量就与其化学的和电子结构的对称性有关）。以笔者有限的见识，从此角度出发做物理的范式，似乎未见过。

泡泡问题的复杂性源于几何构型变化的本质。泡沫这种结构是那种几乎处处规则（regular almost everywhere）的结构。那规则的曲面部分可看作是从二维圆盘到三维空间的一个光滑的映射，但是那些不规则的地方，比如两个泡泡的（一维）界线处，就需要特别的描述了，比如引入特殊的测度。关于泡泡团簇构型的证明，难就难在这里。为此，数学家不得不准备一门全新的学问。**证明一个问题，可能首先需要在别的层次、用别样的眼光看待这个问题。**

在阅读关于泡泡问题的数学书时，备受煎熬的笔者忽然想到，优秀的数学家应该是典型的一类不能好好说话的人吧，不知道优秀数学家的配偶是否也必须是不能好好说话的那类人？笔者脑中灵光一闪，发明了一个关于数学家的定理："任何配偶集合非空的数学家都不是合格的数学家，除非其配偶自身是合格的数学家。"或者换个更强一点儿的表述："若任何配偶集合非空的数学家是一个合格的数学家，则其配偶自身必然是合格的数学家。"五分钟后笔者看到了女数学家泰勒同其第二任丈夫、数学家兼导师阿尔姆格伦（Frederick Almgren）的结婚照。泰勒女士1976年证明普拉托定理的论文就是基于阿尔姆格伦的理论的。世界太神奇了，笔者提出数学家定理五分钟后就发现了证据。顺便提一句，泰勒女士本科是学化学的，硕士导师是几何大家陈省身先生。

建议阅读

[1] J. A. F. Plateau. Statique Expérimentale et Théorique des Liquides Soumis aux Seules Forces Moléculaires（仅置于分子力之下的液体之静力学）. Gauthier-Villars, 1873.

[2] Jean E. Taylor. The Structure of Singularities in Soap-Bubble-Like and Soap-Film-Like Minimal Surfaces. Annals of Mathematics, 1976, 103(3): 489-539.

[3] Cyril Isenberg. The Science of Soap Films and Soap Bubbles. Dover Publications, Inc. , 1992.

[4] Frank Morgan. Geometric Measure Theory: A Beginner's Guide. 3rd ed. Academic Press, 2000.

[5] 曹则贤 . 物理学咬文嚼字：卷四 . 中国科学技术大学出版社 , 2019.

[6] Philip Ball. Flow: Nature's Patterns: A Tapestry in Three Parts. Oxford University Press, 2009.

20   反射定律与折射定律

光的反射与折射是同一个问题，是光程最短原理的
体现，数学上表现为求极值的问题，其公式的正确
表述应该一致且表现同样的对称性才好。

反射，折射，费马原理

1. 镜面与镜面反射

人类文明发生于水边，因此我们熟知水的世界。平静的水面上会映出水面上事物的影子：静止的荷叶或飞过的鸟儿。通过比较水面上事物同其影子之间的关系，我们建立起了水面忠实地反映事物面貌的信条，由此我们相信那水面上映出的我们的影子就是我们的模样。有个叫纳喀索斯（Νάρκισσος）的希腊男子太沉迷于水面上自己曼妙的影子，一不小心滑到水里淹死了，化成了水仙花（narcissus）。后来人们发现平滑的金属表面也能映出影子，于是有了镜子*。英语的mirror（mirage），德语的Spiegel

通过对水面上事物与影子的比较我们建立起了镜像反映现实的信条

---

* 　平常家中用的玻璃镜子，反射光的镜面部分是玻璃后面镀的银膜，大块玻璃的作用是透光和支撑。

181

（Speculum）都来自"相"或者"看"的结果，不具有中文的镜子作为金属物品的意思。镜面（mirror）映射（mirroring，reflection）是大自然中为我们所熟知的现象，自然会进入物理的语言。镜面反映是光学、晶体学和理论物理随处可见的概念。对于三维空间，z 方向的镜面反射操作等价于矩阵

$$M = \begin{pmatrix} 1 & 0 & 0 \\ 0 & 1 & 0 \\ 0 & 0 & -1 \end{pmatrix}$$

水面不会反射全部的光，我们知道这一点，因为我们分明能看到水中的鱼儿。光还会进到水里去，并且人们发现光进入水中后改变了方向——直直的一根筷子放到水杯里看起来是弯的，有经验的渔民知道水中的鱼儿在看到的鱼儿位置的前下方。因此人们认识到了折射现象：光线经过两种介质的界面处会改变方向。

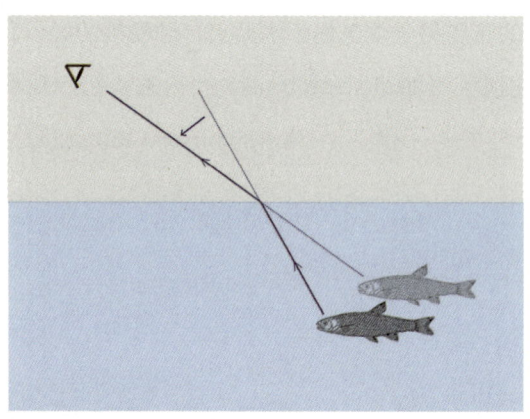

水中鱼的位置在我们看到的鱼的前下方

2. 反射定律与折射定律

光沿直线传播。把光线当作数学的直线（射线）处理是几何光学的基

础，而光走直线后来成了物理学的基本信条。经典光学意义下的光束走直线，据信古代文明都有发现，比如见于中国的《墨经》和古希腊欧几里得的《折光学》（Catoptrics）等等。公元一世纪亚历山大的希罗在其《折光学》一书中指出：光线的速度应该是无限的，否则它不能走直线，你看那扔出去的石头就是速度越快越不容易弯——今天我们知道，这个说法是有一定道理的，光速虽然不是无穷大但它是极限，光走的就是直线，不管你觉得它弯不弯。我们暂且把光的路径当成会弯折的线段，那么光的反射和折射有什么规律吗？

人们从观察中总结出了反射定律，从镜面上反射的光束与镜面（法线）的夹角等于入射束同镜面（法线）之间的夹角，如下图所示，$\theta_1 = \theta_r$。至于折射，最早是托勒密研究了折射现象，并且在其《折光学》一书中做了记录。真正的折射定律来自荷兰数学家斯涅耳（Willebrord Snell van Royen，1591–1626）1621年的经验公式，但是却是由法国哲学家笛卡尔于1637年在其所著的法文《折光学》（La Dioptrique）一书中率先发表的，$n_1 \sin\theta_1 = n_2 \sin\theta_2$（下图）。折射定律在教科书中会被叫作斯涅耳定律或者笛卡尔定律。

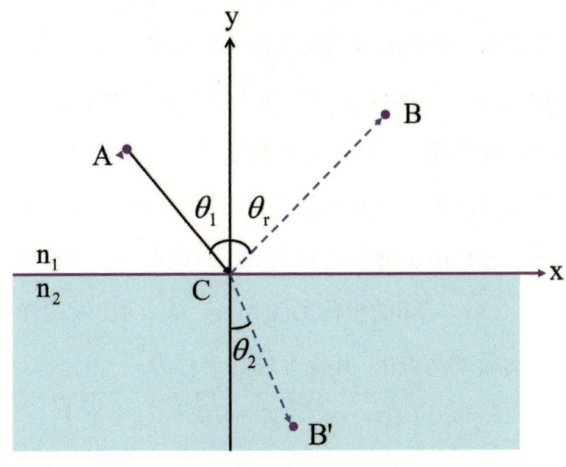

光在界面处的反射和折射

据说别的波也有反射现象，比如声波（蝙蝠就是靠声波的反射捕食的）、地震波，但是否有相应的镜子和镜面反射的物理，需要另行考虑。

3. 反射定律的证明

反射定律在欧几里得的《折光学》一书里就已经被正确描述了。反射定律是人们从观察中总结而来的规律，无所谓证明不证明。但是，如果你提出个原理，从那个原理出发可以导出这个反射定律，这可以看作是从原理出发对这个结论的证明。不过，还可以换个角度看这个问题。如果从原理出发可以导出一个结论（反射定律），而这个结论又是大自然展现给我们的，这可以看成是从这个结论成立的事实证明了你的原理多少有点儿合理性。其实，关于反射定律的证明恰可以作如是观。光的反射定律在欧几里得的书里已有正确描述，也有文献说是阿拉伯的海亚姆（Ibn al-Haytham，也叫Alhazen，约965–约1039）先给出来的，似乎前一种说法更可信。亚历山大的希罗已表明，若光线在两点之间选取的路线使得路程取极值的话，可以用几何的方法证明光的反射定律。光程取极值的原理，后来被称为费马原理，表述为光的传播总是用时最短——可转换为光程（用折射率加权后的几何路径）最短。我们看到用费马原理可以获得对反射定律和折射定律的证明。或者说，反射、折射定律可得自费马原理的事实表明费马原理还是蛮合理的。

根据上页图，考察由折射率分别为n_1，n_2的两种物质构成的平直界面。设点A的坐标为(x_1, y_1)，点B的坐标为(x_2, y_2)。从点A出发的光线若是经镜面在点$C(x_0, 0)$处反射后到达点B，其所走过的光程为

$$\ell = n_1 \cdot \left(\sqrt{(x_1 - x_0)^2 + y_1^2} + \sqrt{(x_2 - x_0)^2 + y_2^2} \right)$$

光程取极值的条件为$\mathrm{d}\ell/\mathrm{d}x_0 = 0$，意思是在此处$x_0$向两侧挪动一点点儿所造成的光程改变是一样的。这个条件可改写为

$$\frac{n_1(x_0 - x_1)}{\sqrt{(x_1 - x_0)^2 + y_1^2}} = \frac{n_1(x_2 - x_0)}{\sqrt{(x_2 - x_0)^2 + y_2^2}}$$

这就是$n_1 \sin\theta_1 = n_1 \sin\theta_r$，也就是一般教科书中的反射定律$\theta_1 = \theta_r$（错！）。

在折射情形，那是从点A出发的光线经镜面在点$C(x_0, 0)$处折射后到达点$B'(x_2, y_2)$，其所走过的光程为

$$\ell = n_1 \cdot \sqrt{(x_1 - x_0)^2 + y_1^2} + n_2 \cdot \sqrt{(x_2 - x_0)^2 + y_2^2}$$

取极值的条件为$\mathrm{d}\ell/\mathrm{d}x_0 = 0$，这个条件可改写为

$$\frac{n_1(x_0 - x_1)}{\sqrt{(x_1 - x_0)^2 + y_1^2}} = \frac{n_2(x_2 - x_0)}{\sqrt{(x_2 - x_0)^2 + y_2^2}}$$

这就是折射定律$n_1 \sin\theta_1 = n_2 \sin\theta_2$。QED。

多余的话

几何光线走过的路程为极值，则那个镜面上点的位置就是使得光程为极值的位置，其要满足的条件就是反射定律或者折射定律。再强调一下，使得光程为极值的位置是向两侧移动所造成的光程改变一样的位置，这意味着这个条件是一种对称性。极值发生在对称的条件下——其它物理情形涉及极值问题时也当如此理解，这是笔者最近的领悟。

反射定律$\theta_1 = \theta_r$，折射定律$n_1 \sin\theta_1 = n_2 \sin\theta_2$都是一项对一项的等式，就是一种两侧对称性。注意，折射定律表示为$n_1 \sin\theta_1 = n_2 \sin\theta_2$，

而折射定律和反射定律都是同一个原理的结果，因此反射的定律表述为 $n_1 \sin\theta_1 = n_1 \sin\theta_r$ 才是恰当的。一般教科书中的 $\theta_1 = \theta_r$ 当然是对的，但是这其间的数学约化捎带着消去了物理意义，是对是错，读者自行评判。笔者个人的观点是，这种做法是错误的，理当避免。

还有，折射定律 $n_1 \sin\theta_1 = n_2 \sin\theta_2$ 写成 $\dfrac{\sin\theta_1}{v_1} = \dfrac{\sin\theta_2}{v_2} = \text{const.}$，其中 v_1，v_2 是在介质中的光速，可能更反映物理过程，可用于研究光线在连续介质中的弯折。明白 $\dfrac{\sin\theta_1}{v_1} = \dfrac{\sin\theta_2}{v_2}$ 这种表达为常量的人，比如狄拉克，用它导出了经典对易式与量子对易式之间的关系。

有读者可能注意到，入射光线和反射光线是在镜面的同一侧，而入射光线和折射光线在镜面的两侧。但是注意，折射定律和反射定律是同一个原理的结果，反射和折射在同一侧与在两侧的区别可能也是表观的而非本质的。考察如下问题，一个小和尚从庙里挑着水桶出来，到河里打上水，然后把水挑到旁边的菜园子去浇菜。这个行为，类似从庙里出来的小和尚被河作为镜面给反射到了菜园子。假设空水桶重量为 w_1，装满水后重量为 w_2，小和尚希望选择打水的地点当然是使得加权路程 $\ell_w = w_1 \ell_1 + w_2 \ell_2$ 最短的地方（这样最省力），其中 ℓ_1 是担空桶走的路程，ℓ_2 是担盛满的水桶所走的路程。这个 ℓ_w 最小的条件就是 $w_1 \sin\theta_1 = w_2 \sin\theta_r$，其中 θ_1 是从庙里去到河边的方向同河的法线方向的夹角，θ_r 是从河边去到菜园子的方向同河的法线方向的夹角，类似光反射中的反射角。你看，虽然庙和菜园子在河的同一侧，但是小和尚对路径的选择满足的是折射公式。

哪有什么反射和折射的区别。光线走它想走的路，且光路总是取极值，总是直的。大自然就是这么任性。

注意，反射会在数学中以不同面目出现，复共轭 $\overline{x + \mathrm{i}y} = x - \mathrm{i}y$，以及类似 $\xi(x) = \xi(a - x)$ 函数（参见《未完的黎曼猜想证明》一篇）这样的关系，都是某种反射关系。

建议阅读

[1] Olivier Darrigol. A History of Optics from Greek Antiquity to the Nineteenth Century. Oxford University Press, 2012.

[2] Max Born, Emil Wolf. Principles of Optics: Electromagnetic Theory of Propagation, Interference and Diffraction of Light. 7th ed. Cambridge University Press, 1999.

21 惯性

最少动作原理是宇宙的最高法则。惰性、惯性，指的都是事物懒得改变的特性。伽利略从落体运动悟出了运动的惯性。拉格朗日为最少动作原理制定了严格的数学表述，使之成为了物理学的基础。

惯性，惰性，落体运动，

最少动作原理

1. 懒是宇宙的最高法则

笔者很懒，所以早就窥知了懒是宇宙最高法则的秘密。懒的思想充斥西方近代科学，是自然科学的基础信条。可惜，由于误译或者因为译者干脆就不懂，汉语言的科学文献似乎成功地避免了懒字。比如，我们整天挂在嘴上的能量一词，energy，字面意思是in work，来自希腊语的εργον（ergon），就是干活。energetic指人的话就一副很勤快的样子。懒的、不干活的，那是άργόν（argon）。argon 被用来命名于1894年从空气中分离出来的一种懒得搭理其它物质的、不活跃的气体，这种懒得搭理它者的范儿很有派头，因此是高贵的（noble）。argon 应该是第一个被分离出来的noble elements（惰性元素），其在空气中的含量排在第三位。argon 被汉语音译为氩，其inactive，lazy，noble的本义，从氩字上完全看不出来。另一个常见的物理概念，inertia，汉译惯性，字面意思与argon同，也是不干活、懒。一个物体，若是没有外界的推动，它就保持原有的懒洋洋的样儿，这就是惯性（inertia）。不同物体，对外来的推动有不同的抵抗，这被描述为具有不同的质量，确切地说是惯性质量（inertial mass）。inertial mass，译成汉语的惯性质量文绉绉的不知所云，其实字面上inertial是懒的，mass是（大）块头，看到这里你是不是能会心一笑？

对懒之精神之最严正的强调，体现在物理学最基本的原理中，即 principle of least action。这个原理被汉译成最小作用量原理，纯属胡闹。action 是物理学最基本的概念，也是理解 reaction, interaction, exchange interaction 等几个概念的基础，弄懂了这几个概念，物理学就容易理解多了。action 就是 action，不能简单地给理解成是一个量。所谓 principle of least action，反映的是西人的一种哲学思想或曰理念，他们认为世界是神创造出来的，神当然能耐大啦，干活一点儿也不拖泥带水，用了最少的动作（least action）就把世界给创造好了。principle of least action，最少动作原理，是构造描述世界的体系时应该遵照的法则。物理学家的任务是找出这个 action 的数学表述（表达式而未必是一个具体的量）以及使之是 least 的条件。拉格朗日把 $S = \int L \mathrm{d}t = \int (T - V)\,\mathrm{d}t$，其中 T 是动能，V 是势能，当成那个 action，而 least action 的条件，即欧拉－拉格朗日方程，应该就是运动所遵循的方程。经典力学和经典光学都遵循这样的原理。在经典光学中，光路满足费马原理，即两点间的光路使得光程 $\int_a^b n \mathrm{d}s$ 最短，其中 n 为介质的折射率，它反映的是光在该种介质中行路的艰难程度。努力走捷径，人与光同此心态。

2. 亚里士多德的落体定律

古希腊哲人亚里士多德于公元前四世纪为人类开创了物理学（φυσις，关于自然的学问）。亚里士多德的物理，多是基于经验的最原始的思考。其中有两条，如同欧几里得几何的第五条公理，后来被反复检视、考问和批判，成了新物理学的生长点。这两条是关于运动定律的，其一宣称力是运动的原因，其二宣称不同重量的物体下落，重者下落得快。环顾我们周围的世界，一块石头放在那里，你不推它就一直不动；泥块和树叶从高处落下，树叶总是慢腾腾地忸怩作态。这两条定律就是对自然最直观的写照，自亚里士多德以后差不多两千年的时间里，人们对其深信不疑。虽然其间也遭遇了菲洛波努斯（Philoponus，公元六世纪）的挑战，但这些挑战未能撼动亚里士多德的信条，直到十六世纪末意大利人伽利略登场。

3. 伽利略的论证

伽利略（Galileo Galilei, 1564–1642）是一位通才，被誉为近代物理、近代观测天文学和近代科学之父。在物理学方面，他率先得到了落体定律 $h \propto t^2$、单摆的周期公式 $\tau^2 \propto \ell$、抛体公式（自由落体加惯性飞行），提出了关于匀速运动的相对论等等。本篇要讨论的是伽利略关于惯性与自由落体的研究。

关于惯性和落体的研究，坊间传言有著名的比萨斜塔实验。据说，1589–1592年间的某天，伽利略从比萨斜塔上扔下了两个重量不同的铁球，证明了不同重量的物体是同步下落的，从而否定了亚里士多德的信条。这个实验未见于伽利略自己的文字，是他人传说的。但是，即便真有这个实验，也不可能得到严格的结果。比萨斜塔设计高度54.8米，铁球下落时间不过3秒左右，落地速度约为30米/秒，凭人眼的观测能力是无法跟踪下落过程的。退一步说，就算你有本事跟踪下落过程，你如何能做到让两个铁球同时下落，铁球落地的同时性又是如何判断的？据称，有人曾经在月球上用锤子

传说中的比萨斜塔实验

和羽毛做自由落体实验，发现锤子和羽毛是同步下落的。对于这个说法，我是既没有能力判断其真假，也没有能力判断其对错。不过，我注意到的两个事实也许有助于你对这个问题的思考。其一，月球表面没有大气，但是有很多带电粉尘*哦。带电粉尘估计会影响羽毛的下落；其二，类似锤子、羽毛这样的形状非对称的物体，让其下落时很容易引起转动**。转动占据部分由重力势能转化而来的动能，会造成下落不同程度地减慢哦。其实，就算有这些实验，就算两个物体的下落在很长的时间内只有很小的时间误差，若一人坚持认为这误差足够小可以算是同步的，另一人坚持认为误差就是误差两者不是同步的，依然无法得出令人信服的结论。

很多时候，实验并不能带来决断（affirmative declaration）。对于某些critical（难以区分的）情形，实验是无能为力的。

伽利略研究落体问题的天才思想，体现在他注意到了落体的急促（时间短，后期速度太快）。把下落过程慢下来才能开启真正的落体问题研究。为此他把注意力放在了球在斜面上的滚动上。伽利略把斜坡的角度降低到17°，极大地延缓了小球滚落的过程，使得路程对时间依赖关系的测量变成现实。伽利略在斜坡上安放位置可调的铃铛，使之具有标记的功能。调节铃铛位置，使得铃铛声的间隔大致相等。伽利略发现，在大致相等的时间间隔内小球滚过的长度之比约为 $1:3:5:7:9:\cdots$ 从而得出小球在斜坡上滚过的距离与时间平方成正比的结论，此即是落体公式（自由落体对应斜坡坡度为90°） $h \propto t^2$。

---

* 　　月表带电粉尘是登月装置设计要面对的大麻烦。
** 　　有限尺度物体的运动总包括轨道运动和自转。

伽利略（中间最高者）用斜面研究落体

　　更重要的是，小球从斜坡上滚到低端时具有很高的速度。若在对面对接一个斜坡，小球会接着爬升到相当的高度以后滚下来。如果能够尽可能地减小摩擦的话，小球上升的高度几乎能达到初始下落处的高度，且与斜坡的倾角无关。作为理想的极端，在没有摩擦的情形下，自高处滚下的小球在对面的斜坡上会爬升到原来的高度然后才滚回来（下页图）。问题来了，若对面斜坡的倾角为 0°，滚下来的小球该如何运动？它要达到原来的高度，但运动过程中它的高度又没有一点儿提升，这个过程只好傻傻地永久持续下去。注意，在斜坡倾角为 0° 时，或者说在平面上，重力对小球是没有影响的，它被支撑面给完全抵消了。由此可得出结论：一个运动的物体，在不受外力影响的条件下，会保持原有的运动状态。这就是惯性定律，后来成了牛顿三定律的第一条，再后来马赫（Ernst Mach，1838–1916）把它拓展到了相互作用的两体（相互作用的两个物体，其动量之和不变），当成经典力学的基本原理。

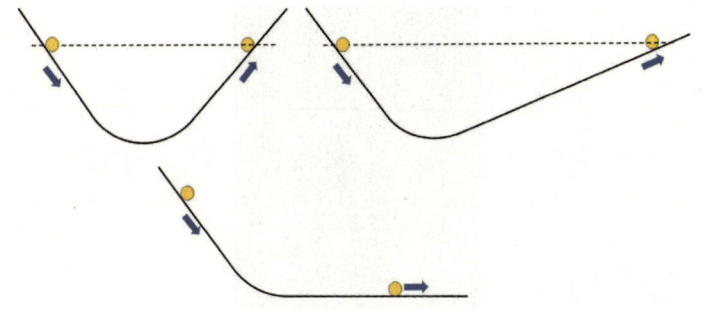

从高处滚落的小球会努力达到从前的高度

　　对亚里士多德落体规律的反驳，或者说伽利略得到自己的落体定律，其论证过程是纯粹的理性思维过程。假设亚里士多德是正确的，不同重量的物体下落是快慢不同的，重者下落快。那么，若将一个质量为m的物体同一个质量为M的物体拴在一起，则得到了一个比前两者都重的物体，则其下落按说要比前两者都快。但是，一个下落慢的物体拴到一个下落快的物体上，不是应该拖后腿使得快者变慢吗？这里面显然有矛盾。倘若是反过来，不同重量的物体是同步下落的，拴到一起也是和单个的物体以同样的步调下落，这里面就没有任何逻辑矛盾。结论：不同质量的物体是同步下落的。这是理性的选择。

　　据信与论证自由落体有关的一个器材，是伽利略制作的第一个 thermoscope，文献中也称之为 Galileo thermometer[*]。thermoscope，可以用来观测温度的升降，没有刻度，所以为了有别于有刻度的 thermometer（温度计），不妨译为验温仪。验温仪由装在玻璃管内的透明液体和浸泡在其中的

---

[*]　　无定论。温度计的具体发明人有多个意大利人选。

195

传说中的伽利略验温仪

平均密度不同的玻璃泡组成（玻璃泡下挂金属件以调节其平均密度，内盛不同颜色的液体利于观察）。当温度改变时，透明液体的密度发生变化，则根据浮力定律，具体的玻璃泡漂浮情形就随之变化，给人以粗略的温度变化提示。由验温仪伽利略也能琢磨出自由落体定律。给定液体密度时，有些玻璃泡会浮在液面上，有些玻璃泡会以一定方式沉下去。若减小液体的密度，会观察到有些原来漂浮的玻璃泡会沉下去，而原来能沉下去的玻璃泡会以更快的方式沉下去。那么，极限情况下该是怎样的情形呢？若介质的密度为0，也就是在真空中，不再有来自介质的浮力，所有的物体（不管密度多大）都应该下降，且没有步调上的差别（造成步调差别的介质不存在了）。也即是说，在真空中不同质量的物体同步下落。QED。这个论证方法我记得读到过，可就是找不到文献出处了。

多余的话

　　伽利略关于自由落体的论证，是纯粹的思辨。到达这样思辨的路径，是伽利略的天才实验能力。说伽利略是近代科学之父，一点儿也不为过。坊间流传的各种用实验验证自由落体的、用实验验证相对论质能方程的、用实验验证平方反比律的所谓科学实验，都经不起稍微的推敲。**真正的实验，一定是理论的。**

　　伽利略是通才，不只是指在数学、物理、天文和器械制作等领域，在音乐、绘画等诸多方面，他也都达到了常人不可及的高度。在这样的高度渊博的学识大背景下，伽利略才得以在不同的方向上展露他的能力。所谓专业，应该是在深厚大背景上突出的特长。你若说空白的背景也是背景，我还真无从反驳，只恐怕空白的背景下你的那棵孤零零的特长之树，未必能有多高大。

建议阅读

[1]　J. L. Heilbron. Galileo. Oxford University Press, 2010.

[2]　Richard Sorabji. Philoponus and the Rejection of Aristotelian Science. 2nd ed. University of London Institute of Classical Studies, 2010.

[3]　Simon Stevin. The Principal Works of Simon Stevin: Vol.1. Ernst Crone (ed.). C. V. Swets & Zeitlinger, 1955.

[4]　Mario Rabinowitz. Falling Bodies: the Obvious, the Subtle, and the Wrong. http://arxiv.org/abs/physics/0702155.

22 速降线问题

对下落问题的系统研究必然引导人们关注速降的问题。速降线和等时线问题是经典力学发展过程中的标志性事件，一干杰出的数学家和物理学家对此给出了独出心裁的高明解答。

落体问题，速降线，等时线，

摆线，变分法，经典力学

1. 落体问题

落体问题是最自然的问题，因此是物理学的起点之一。亚里士多德发现重的物体下落较快，斯特拉托（Strato of Lampsacus，约公元前335–约公元前269）通过对屋檐滴水的观察发现下落是加速运动。到了伽利略，伽利略首先否定了亚里士多德的认识，认为自由落体运动与落体质量无关（若空气阻力可忽略不计）。伽利略通过对从斜坡上滚下的小球在对面坡上的上升过程的观察，总结出了惯性定律；通过对直坡上自由落体（若摩擦可忽略不计）过程的研究，得到了落体公式

$$h = \frac{1}{2} at^2$$

其中a是加速度。极限情况下，即垂直下落时，下落的加速度$a = g$，g是重力加速度，是一个与落体无关的物理量。

很自然地，伽利略注意到从高处某点落到低处某点的用时问题。或许是来自对各种实验过程的观察，伽利略约于1630年发现连接两点的斜直坡不是最快的下落路径。1638年，伽利略在他的《两种新科学的对话》一书中提及从高处落向低处某个位置（不在一条垂线上）的自由落体，用时最短的路径（lationem omnium velocissimam）或许是一段圆弧。伽利略没有十分把握，

因此主动提醒读者这也许是不对的，需要更高深的学问才能解决这个问题。

伽利略是近代科学的奠基人，读一读伽利略的书算是一个科学人的识字课。

2. 速降线问题与等时线问题

1696年，来自瑞士天才家族的约翰·伯努利通过杂志 Acta Eruditorum[*]向最优秀的数学家发出了英雄帖，提出了速降线问题："给定竖直平面内任意两点A和B，假设只有重力参与作用，那么从A点开始下降到达B点用时最短的曲线是什么样的？"原文不长，照录如下供读者朋友找点儿感觉：

Datis in plano verticali duobus punctis A et B, assignare mobili M viam
AMB, per quam gravitate sua descendens, et moveri incipiens a puncto
A, brevissimo tempore perveniat ad alterum punctum B.

这就是用时最短问题（problem of brachistochrone，希腊语为βράχιστος χρόνος）的由来。这个问题又称为速降线问题（the problem of the line of fastest descent）。它实际上求的是一条满足指定条件的曲线的方程。

与速降线相关联的还有惠更斯（Christiaan Huygens，1629–1695）的等时线（tautochrone curve）问题。若自曲线上任意一点开始向最低处自由下落的物体到达最低点所需的时间总是相同的，这样的曲线是等时曲线。惠更斯于1659年用几何方法证明了该曲线是倒过来的摆线（的半个周期），下落

[*] 《博学学报》？

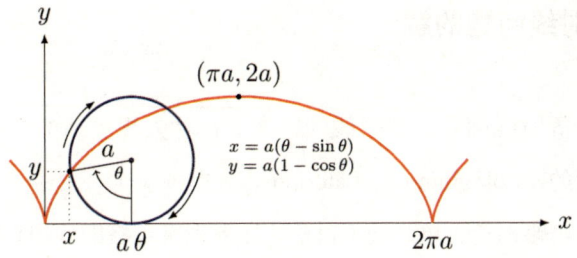

摆线的产生

用时为 $\pi\sqrt{\dfrac{a}{g}}$，其中 a 是滚出摆线的圆的半径。所谓的摆线，就是圆在平面上无滑动滚动时圆周上一点的轨迹。你在轮胎上粘块口香糖，口香糖随着车轮转动划过的曲线，就是摆线。摆线的英文是cycloid，字面上就告诉你它是圆（cycle）的一个衍生物。摆线是十六世纪早期由法国数学家德博韦勒（Charles de Bovelles，约1475–1566）发现的，其面积是产生摆线的圆（生成圆）面积的3倍，长度是生成圆直径的4倍。摆线的参数方程为

$$\begin{cases} x = a(\theta - \sin\theta) \\ y = a(1 - \cos\theta) \end{cases}$$

其中参数 θ 是生成圆转过的角度。受摆线约束的单摆（cycloidal pendulum），才是真正的等时单摆，其周期与振幅严格无关。

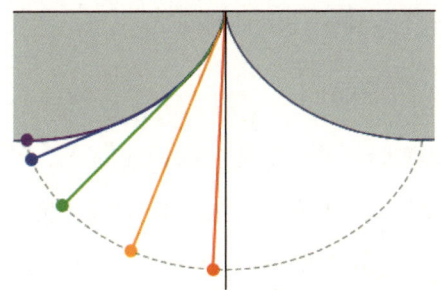

在倒扣摆线约束下的单摆，其周期与振幅严格无关

3. 等时线问题的解

先谈论等时线问题。等时线问题先有荷兰人惠更斯的几何解，收录于1673年出版的Horologium Oscillatorium（《摆钟》）一书中。几何证明比较晦涩难懂，篇幅也长，故此处不讨论。接下来有拉格朗日和欧拉的解析解，以及阿贝尔的解。阿贝尔的解更接近于当代普通物理教材的语言，也更容易理解。

阿贝尔的解可归结为下降时间 T 随高度变化 y 的函数 $T(y) = \text{const.}$ 的问题。下降过程机械能守恒，即在任意位置上的动能

$$\frac{1}{2} m \left(\frac{\mathrm{d}s}{\mathrm{d}t}\right)^2$$

等于下落而来的势能 $mg(y_0 - y)$。注意，这里面的关键是把速度表示为弧长对时间的微分——弧长是曲线自身最恰当的参数，认识到这一点对微分几何和相对论的学习很有帮助。

由微分方程 $\dfrac{1}{2} m \left(\dfrac{\mathrm{d}s}{\mathrm{d}t}\right)^2 = mg(y_0 - y)$，得

$$\mathrm{d}t = -\frac{1}{\sqrt{2g(y_0 - y)}} \frac{\mathrm{d}s}{\mathrm{d}y} \mathrm{d}y$$

若已知曲线的形状，就可以计算得到 $\mathrm{d}s/\mathrm{d}y$ 的具体形式，从而积分得到沿着这样的曲线小球从 y_0 下落到 $y = 0$ 处的时间 T

$$T(y_0) = \int_{y_0}^{0} -\frac{1}{\sqrt{2g(y_0 - y)}} \frac{\mathrm{d}s}{\mathrm{d}y} \mathrm{d}y$$

注意，这个积分方程实际上是个卷积（convolution），可利用函数卷积的拉普拉斯变换等于函数各自拉普拉斯变换之积的性质来解这个方程。对于等时下降问题，$T(y_0) \equiv T_0$，故可解得

$$\frac{\mathrm{d}s}{\mathrm{d}y} = T_0 \frac{\sqrt{2g}}{\pi} \frac{1}{\sqrt{y}}$$

而 $\dfrac{\mathrm{d}s}{\mathrm{d}y} \propto \dfrac{1}{\sqrt{y}}$ 恰是摆线方程。此处用到了拉普拉斯变换 $L(1) = z^{-1}$ 和 $L(y^{-1/2}) = \sqrt{\pi}\, z^{-1/2}$。

等时线是摆线吗？拉格朗日对此给了一个巧妙的证明。如上所言，等时线问题，势能由下落高度差 $y(s)$ 决定，物体到达任何一点时的动能正比于 $\dot{s}^2$。如果要得到一个用时与运动路程（或者摆幅、下降高度）无关的体系，谐振子（就是弹簧连接一质量为 m 的物体所构成的体系）是个很好的参照。谐振子是动能正比于 $\dot{s}^2$ 而势能正比于 s^2 的体系，其周期就与幅度无关。拉格朗日猜想，若等时线问题的势能 $y(s) = s^2$，则这个下落过程的时间应与下落的路程无关。对函数 $y(s) = s^2$ 微分，得 $\mathrm{d}y = 2s\mathrm{d}s$，进而有

$$\mathrm{d}y^2 = 4y\,(\mathrm{d}x^2 + \mathrm{d}y^2) \;\Rightarrow\; \frac{\mathrm{d}x}{\mathrm{d}y} = \frac{\sqrt{1-4y}}{\sqrt{4y}}$$

写成积分形式为 $x = \displaystyle\int \sqrt{1-4u^2}\,\mathrm{d}u$，其中作了变量代换 $u = \sqrt{y}$。进一步地，积分 $x = \displaystyle\int \sqrt{1-4u^2}\,\mathrm{d}u$ 得

$$x = \frac{1}{2}\,u\sqrt{1-4u^2} + \frac{1}{4}\,\arcsin 2u$$

此结果加上 $y = u^2$ 恰是摆线的参数方程。引入角 $\theta = \arcsin 2u$，可得标准形式的摆线参数方程

$$\begin{cases} 8x = 2\sin\theta\cos\theta + 2\theta = \sin 2\theta + 2\theta \\ 8y = 2\sin^2\theta = 1 - \cos 2\theta \end{cases}$$

你不得不服气，拉格朗日太了不起了！

4. 速降线问题的解

约翰·伯努利的英雄帖发出去后，从五个人处得到了回响，包括牛顿、伯努利家族的雅各布以及莱布尼茨、切恩豪斯和洛必达（Marguis de

L'Hôpital, 1661–1704）。其中，雅各布·伯努利为了胜过自己的弟弟兼学生约翰·伯努利，构造了更困难版本的速降线问题，且为了解决这个问题他不得不发展出了（后经欧拉改进）变分法（calculus of variation）。一个人学会了微分和变分，就能够应付很多物理问题啦。牛顿老师寄来了对问题的解，他很顽皮地选择了匿名。不过约翰还是立马辨认出了作者是牛顿，宣称是"从爪印辨认出了那头狮子"！科学史家谈论这个轶事时惯常的添油加醋又暴露了他们的无知。那个年代，会微积分、有能力尝试解这个问题的，整个地球上就这么几个人，辨认不出来才叫怪呢。

约翰自己提供了两个解，直接法和间接法各一种。约翰的直接法非常重要，因为它首次指出速降线是摆线（的一部分）。约翰对问题的几何分析太过冗长，此处不作介绍。约翰的另一个方法是类比方法，太天才了。人们知道，根据光学里的费马原理，光经过的路程是最短的。设想下落的物体是光，光自然走最短的路径啦，因此若考察一束光在某介质中的传播，在该介质中其速度模拟落体速度的变化，则路径就是速降线的解！根据能量守恒，任一点上物体的速度为 $v = \sqrt{2gy}$ 。但是折射定律的意思是说物理量 $\dfrac{\sin\theta}{v}$ 是常数，也即

$$\frac{\sin\theta}{v} = \frac{1}{v}\frac{\mathrm{d}x}{\mathrm{d}s} = \text{const.}$$

这个常数的量纲是速度的倒数。记 $v_m = \sqrt{2gD}$ ，D 是下落高度。考虑到这个速降线开始处同垂直方向相切，结束处一定变成水平的，速度达到最大，故有

$$\frac{1}{v}\frac{\mathrm{d}x}{\mathrm{d}s} = \frac{1}{v_m} \implies v_m^2\,\mathrm{d}x^2 = v^2(\mathrm{d}x^2 + \mathrm{d}y^2)$$

也就是

$$\mathrm{d}x = \sqrt{\frac{y}{D-y}}\,\mathrm{d}y$$

这就是摆线的微分方程。

雅各布对速降线问题的解是变分法发展过程中的重要一步。

捎带说一句，虽然速降线和等时线都是摆线，但两者还是有差别的：等时线只用到摆线的一半（生成摆线的圆转半圈），且结束处是水平的；而速降线可用到整个摆线，其起点必须是摆线的歧点（尖儿，cusp)。摆线、等时线、速降线，定义它们的是运动学（kinematics），接受由运动定义的曲线是十七世纪数学革命的一部分。

再捎带着说一句，滑板赛道的弯曲部分就是摆线，你现在明白其中的道理了吧？

多余的话

牛顿证明万有引力的平方反比律，惠更斯解决等时线问题，约翰·伯努利解决速降线问题，使用的都是平面几何知识。他们应用平面几何的水平，是笔者在二十世纪此地所受到的几何教育所远不能达到的，甚至对着书本重复人家的证明过程都困难。进一步地，约翰·伯努利解决速降线问题的策略是用光学过程模拟力学过程，拉格朗日是用谐振子体系模拟速降线问题。对惠更斯、约翰·伯努利一直到哈密顿这些经典物理学家来说，（几何）光学和（几何）力学是一体的，这些都是牢固的观念。当出现了波动光学的时候，有波动力学的要求就是一种必然。波动力学的另一个名字叫量子力学。这些重要的力学（mechanics，不是theory of force）内容，我们学的力学都随意略过了。

惠更斯的《摆钟》一书，应该是经典力学的经典。有了精确的计时器，物理学和工业的发展才跃上一个台阶。当年荷兰人做最好的钟表，后来荷兰人做最好的玻璃制品（没有玻璃制品就没有天文学、化学和部分物理），如今荷兰人做最好的光刻机、电子显微镜……这反映的是传统——"科学的传统和工匠精神的传统！" 欲求技术之通透，掌握那些创造了技术之基的科学可能是必要的前提，否则对技术的掌握只能是肤浅的！

由落体问题到速降线问题，由伽利略的单摆公式到钟表制造再到等时线问题，由速降线问题到雅各布·伯努利引入的变分法（变分法当然也是光学的费马原理和力学的最小作用量原理的需求），这些历史脉络反映的学科整体关联性在我们的教科书里是统统没有的，悟不出来就只能权当不存在了。尤其值得担忧的是，似乎很少有物理系认真教授变分法，真不知道笔者学物理的过程是怎么装过来的。

读了几个大师关于速降线和等时线的解或者证明，感慨良多。**从前我以为大师聪明，现在我知道除此之外大师还格外用功。**就数学研究而言，从前我以为大师看得深远，现在我知道除此之外大师确实会算，而且坚持认真地、巧妙地算。算，往前能深掘从而带来new insight，其间可以在已知知识片段之间建立起深刻的联系。

哪有什么惊艳一击，只是人家常试常得。

瑞士能产生那么多伟大的数学家、物理学家，与那里仙境般的风景有关。冷、静、美的环境，是产生思想的必要条件，愚以为！

建议阅读

[1] Johann Bernoulli. Mémoires de l'Académie des sciences: Vol. 3. French Academy of Sciences, 1718: 135-138.

[2] Cornelius Lanczos. The Variational Principles of Mechanics. University of Toronto Press, 1949.

23 万有引力平方反比律的证明

开普勒总结出了行星运动三定律，牛顿用平面几何证明了椭圆轨道、双曲轨道都对应平方反比的吸引力。牛顿第二定律加微积分证明了平方反比的吸引作用下运动轨迹为圆锥曲线（双曲线、抛物线、椭圆、圆等）。

开普勒定律，轨道，万有引力，平方反比律，平面几何

1. 行星运动的开普勒三定律

行星的运动，恰巧是人的特征尺度上可研究的问题。行星的量度足以为人眼所分辨，其运动的特征时间又与人的特征时间（年、日）相吻合[*]。人类数千年关于行星在天空中位置变化的观测，在1602年达成了质的跃变。那一年，德国天文学家开普勒指出，行星绕太阳的运动在相同的时间内扫过相同的面积。这后来被称为开普勒第二定律。用近代物理的语言表述，它说的是有心力场内的运动保持角动量守恒。1605年开普勒又指出，行星绕太阳运动的轨道是太阳居于焦点之一的椭圆。这后来被称为开普勒第一定律。开普勒第一、第二定律收录于Astronomia Nova（《新天文学》）一书。1619年开普勒宣告了他的第三定律，行星轨道周期的平方与其半长轴的立方成正比。第三定律收录于开普勒的Harmonices Mundi[**]一书。

一般书里介绍开普勒三定律，基本上是照着字面一成不变地转述：

（1）行星轨道为椭圆，太阳在椭圆的焦点之一上；

（2）行星轨道在相同的时间内扫过相同的面积；

---

[*] 一点儿都不奇怪。地球和它的行星兄弟们的特征时间是由它们同太阳（日）之间的相互作用决定的，都差不多。而人类的特征时间，又是由日－地－月系统所决定的。

[**] Harmonices Mundi，汉译为"宇宙的和谐"，大谬也。harmonices 不是啥"和谐"，是"组装到位"。该书讲宇宙的体系（太阳、行星、远处的星星）是如何组装的。harmonic mean 的汉译"调和平均"中的"调和"大约是正确的。

（3）行星轨道周期的平方与其半长轴的立方成正比。

至于从近代物理的角度看这三定律的含义是什么、内在关系是什么、未来有什么进展，还有对中国人来说比较重要的汉译是否正确，则鲜有论及。请允许笔者稍作补充。

关于第一定律，开普勒一开始考虑的轨道是卵形线，毕竟他手里只有有限的、不准确的关于火星和太阳的观测数据，连起来不会看起来如完美的椭圆。但那时候没人知道卵形线的方程——卵形线的方程还得等二百四十多年才由麦克斯韦（James Clerk Maxwell，1831–1879）给出。椭圆作为行星轨道的选择有点儿不那么自然而然，一个可能的原因是椭圆有两个焦点（focus）而天上只有一个太阳，凭什么太阳在这个焦点而不在那个焦点上？实际上，天上有一个太阳，太阳是个大火炉，火炉才是拉丁语focus（furnace）的本义。后来我们知道，椭圆，与双曲线、抛物线、圆、直线、点等几何图形一样，都是圆锥曲线的特例，本质上是一致的，都可以是平方反比力场作用下物体的运动轨迹。抛物线就只有一个焦点，而椭圆也有只需一个焦点的定义——到一点的距离和到一条直线距离之比为小于1的常数的点的集合是椭圆！第一定律确定了行星轨道的全局几何性质，第二定律确定的是行星在轨道不同位置上的运动快慢问题，用现代物理语言来说，行星绕太阳运动，其角动量守恒。第三定律讲述的是轨道大小（由椭圆的半长轴 a 和偏心率表征）与运动快慢（与轨道的大小和周期 T 有关）之间的关系

$$\frac{T^2}{a^3} = \frac{4\pi^2}{GM_{sun}}$$

从现代物理的角度来看，第三定律引入了能量的问题，能量大的椭圆轨道离太阳更远以至变成抛物线或者双曲线。也就是说，行星轨道问题关系到的物理量分别是角动量

$$J = r \times p$$

和能量

$$E = \frac{p^2}{2m} - \frac{k}{r}$$

后来的尼尔斯·玻尔（Niels Bohr，1885–1962）熟知这一点，所以他为了给电子绕氢原子核运动的能量只有一些 $\propto -\frac{1}{n^2}$ 的分立值而非如同在经典的太阳－行星模型中那样能量是连续的找个恰当理由，只能到角动量上去找，而角动量恰恰与量子力学的标签（普朗克常数 h）有相同的量纲，于是有了神奇的所谓玻尔量子化条件[*]

$$\oint p\mathrm{d}x = nh$$

那么，开普勒的这三个定律后来有证明吗？或者，挑个软柿子捏，如何证明行星的轨道是椭圆。证明的意思是：找个理由，从这个理由顺着严格的数学逻辑能到达椭圆这个几何图形。

2. 牛顿的几何证明：从椭圆到平方反比的引力

早在开普勒时期，人们就已经意识到太阳与行星之间有随距离增大而渐弱的引力（gravity，gravitation），确切地说是与距离平方成反比的引力。到牛顿时期，想到或者愿意接受万物之间皆存在平方反比引力的人已经很多了。但是，如何证明这平方反比引力 $f \propto -\frac{1}{r^2}$ 是这宇宙的决定性力量，也就是说如果存在万有引力这个理由的话，如何从万有引力导出椭圆形的行星轨道？这个证明，利用牛顿第二定律加上微积分技术，是容易得到的（参见 Herbert Goldstein，Classical Mechanics）。但牛顿那时手里还没有成熟的微积分技术，他是用欧几里得几何证明的。这个证明在牛顿的《自然哲学的数学原理》一书中不足一页（因为老是引用前面的结果），后来钱德拉塞卡（Subrahmanyan Chandrasekhar，1910–1995）给拓展成了好几页才让一般人看得懂。

牛顿在《自然哲学的数学原理》第一编第三部分（Book 1，section 3）里假设物体沿椭圆轨道运行，求证指向椭圆一个焦点的力的定律。紧接着假设物体沿双曲线之一支运行，求证指向焦点的力的定律。牛顿证明了力应当服从平方反比律。严格说来，这应该看成是在椭圆（双曲）轨道的前提下，对太阳－行星间的引力遵循平方反比律的证明。牛顿的证明，不好懂，愿意证明自己的平面几何连皮毛都没学到的读者可以挑战一下自己。原文不长，照录如下。

　　如图，S是椭圆的焦点之一。作SP交椭圆直径DK于点E，交纵标线（ordinate）Qv于x。作平行四边形QxPR。显然，有EP等于半长轴AC，这是因为如果从椭圆另一焦点H作HI与线EC（DK）平行，因为CS = CH，于是有ES = EI。EP为PS与PI之和的一半，也就是PS与PH之和的一半（HI与PR平行，而根据椭圆的性质，$\angle IPR = \angle HPZ$）。但PS + PH = 2AC（椭圆的定义）。作QT垂直于SP，如果用L表示椭圆的通径（principal latus rectum）或者$2BC^2/AC$，$(L \times QR) : (L \times Pv) = QR : Pv$，也即PE或AC与PC之比。进一步地，有$(L \times Pv) : (Gv \times Pv) = L : Gv$；且$(Gv \times Pv) : Qv^2 = PC^2 : CD^2$。又（根据引理7的推论2），当Q点与P点接近重合时，$Qv^2 = Qx^2$。Qv^2或者Qx^2比QT^2等于$EP^2 : PF^2 = CA^2 : PF^2 = CD^2 : CB^2$。

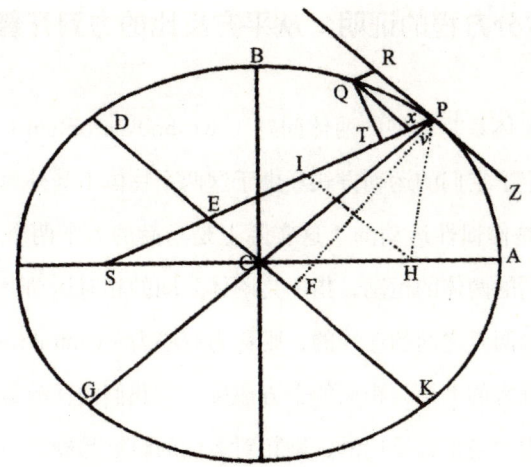

将这些比组合后，得到 $L \times QR/QT^2$ 等于 $AC \times L \times PC^2 \times CD^2$，或者 $2CB^2 \times PC^2 \times CD^2$，与 $PC \times Gv \times CD^2 \times CB^2$ 之比也是 $2PC : Gv$。但当Q点与P点接近重合时，$2PC = Gv$，因此 $L \times QR = QT^2$。将这些等式乘以 SP^2/QR，得 $L \times SP^2 = SP^2 \times QT^2/QR$。于是，根据命题6中的推论1和推论5，向心力与 $L \times SP^2$ 成反比，即与距离SP的平方成反比。

实话实说，读到这段时，我不知道牛顿证明的思路是从哪里来的。与300多年前的牛顿相比，我们对古希腊数学家阿波罗尼乌斯（Appolonius，约公元前245–公元前190）的圆锥曲线根本没学会。还有一个小迷惑，我不知道为什么管 Qv 叫 ordinate。建议真想弄懂的读者，阅读钱德拉塞卡对牛顿这本书的通俗版解读。

3. 利用微分方程的证明：从平方反比的力到开普勒三定律

太阳－行星体系是典型的两体问题（two-body problem）：两个物体相互间的作用决定了它们的运动方式。由于这两个物体不受外界的作用，它们作为一个整体是作惯性运动的（这实际上是马赫的力学两个基本原理之第二），因此所谓的两体的运动，指的是两体之间的相对运动。若两物体之间的作用力是沿着两者之间的连线的，则称为有心力（central force）。万有引力是有心力，且力的大小与距离的平方成反比。我们的任务是证明：若两体之间的吸引作用力是平方反比的，则相对运动的轨迹是椭圆。

如果两体之间的作用力是有心，则角动量 $r \times p$ 是守恒的。

$$\frac{\mathrm{d}}{\mathrm{d}t}(r \times p) = \dot{r} \times p + r \times \dot{p}$$

右边第一项根据定义 $p = m\dot{r}$，所以为零；根据牛顿第二定律 $\dot{p} = f(r)$，若 $f(r)$ 是有心力，则第二项也是零。故 $r \times p$ 是守恒的。这意味着，两体体系的运动只发生在与角动量 $r \times p$ 垂直的平面内。行星绕太阳的运动就限制在一个平面内；碰巧的是，太阳系几大行星的轨道都大致在一个平面内，是为黄道面（ecliptic plane）。这一点是很久以前就观测到的事实。

既然两体系统的运动限制在一个平面内，且对太阳－行星这种质量相差太大的情形，可以进一步假设太阳－行星体系的质心就在太阳上，则该系统的拉格朗日量可写为

$$L = \frac{1}{2}m(\dot{r}^2 + r^2\dot{\theta}^2) - V(r)$$

定义

$$p_\theta = \frac{\partial L}{\partial \dot{\theta}} = mr^2\dot{\theta}$$

经典力学认为物体的轨道就是让 $\int L\,\mathrm{d}t$ 最小的路径，需满足的条件就是欧拉－拉格朗日方程。由关于变量 θ 的欧拉－拉格朗日方程，可得 $\mathrm{d}p_\theta/\mathrm{d}t = 0$，即 $r^2\dot\theta$ 为常数，而 $r^2\dot\theta$ 恰是轨道在单位时间内扫过的面积——这证明了开普勒第二定律。强调一遍，太阳－行星间的引力是有心力（无需是平方反比的）保证了行星绕太阳在一个平面内运动，且相同时间内扫过同样的面积。这即是说，开普勒第二定律只要求太阳－行星间的引力是有心力。

关于变量 r 的欧拉－拉格朗日方程为

$$\frac{\mathrm{d}}{\mathrm{d}t}(m\dot r) - mr\dot\theta^2 + \frac{\partial V}{\partial r} = 0$$

若相互作用力是平方反比的，即

$$f(r) = -\frac{\partial V}{\partial r} = -\frac{k}{r^2}$$

记 $\ell = mr^2\dot\theta$，$u = \dfrac{1}{r}$，方程变为

$$\frac{\mathrm{d}^2 u}{\mathrm{d}\theta^2} + u = \frac{mk}{\ell^2}$$

其一般解的形式为

$$\frac{1}{r} = \frac{mk}{\ell^2}[1 + e\cos(\theta - \theta_0)]$$

其中 e 是由体系能量 E 决定的参数，可由此问题由能量守恒入手的推导得到

$$e = \sqrt{1 + \frac{2E\ell^2}{mk^2}}$$

参数 e 是轨道的偏心率：

$e > 1$ $(E > 0)$，轨道是双曲线的一支；

$e = 1$ $(E = 0)$，轨道是抛物线；

$0 < e < 1$ $(E < 0)$，轨道是椭圆；

$e = 0$，轨道是圆。

23

这证明了开普勒第一定律，且揭示了椭圆轨道是平方反比的万有引力作用下体系总能量小于零时的特例。

关于开普勒第三定律，为了让更多读者看懂证明，可以考察轨道为圆（本质上还是椭圆）的简单情形（老天有眼，地球的轨道大约就是个圆，$e \approx 0.016710219$。请思考一下这对生命的产生意味着什么）。此时，圆轨道上的行星作匀速圆周运动，则

$$mr\left(\frac{2\pi}{T}\right)^2 = G\frac{mM}{r^2}$$

可得 $T^2 \propto r^3$，即轨道周期的平方与轨道尺度的三次方成正比。

多余的话

人类所处的近邻且可观测的世界，开启了人类的智慧思考。行星在天上的轨道，恰好是与人类尺度相恰的现象。行星轨道的开普勒三定律，是建立在零星的观测数据上的，但更多地还是建立在理性思考上的（天上哪有轨道啊）。从数据到椭圆这样的几何图形，到单位时间扫过相同面积以及周期平方与轨道大小的立方成正比这样严格的关系，反映了人类理性思考的威力，这些可都是宇宙的秘密啊。这些言之凿凿的严格关系，若能证明是某些原理的必然结果，那才见人类理性思考的威力呢。这个原理，就是经典力学中的最小作用（量）原理，与之相比，满足平方反比律的万有引力倒似是条件层面的了。从最小作用量原理和万有引力到开普勒三定律的证明，那就看数学的能耐了。**从前和数学不分家的时候，物理学才是真物理学。**

满足平方反比律的万有引力 $f_{12} = G\,\dfrac{m_1 m_2}{r^2}$，其中牵扯到的物质特征，或者叫标签，是质量 m。质量 m 是个标量，而且是非极性的标量（$m > 0$）。与此相对照，满足平方反比律的库伦力 $f_{12} = \dfrac{1}{4\pi\varepsilon_0}\,\dfrac{q_1 q_2}{r^2}$，其中牵扯到的物质特征是电荷 q。电荷 q 是个标量，但却是极性的标量，可正可负。电的世界比起引力的世界，就更精彩啦。洞悉电的世界之精彩，需要更加复杂的数学。不过，人类为此付出的努力，回报是巨大的，且在意想不到的方向上。比如，对电磁学之狄里希利（Johann Lejeune Dirichlet，1805–1859）问题的研究，在二十世纪带来了有限元方法，极大地提升了人类的工程能力。扯远了，打住。

建议阅读

[1] Max Caspar. Johannes Kepler（德语版）. W. Kohlhammer Verlag, 1948. Kepler（英语版，C. Doris Hellman 译）. Dover Publications, Inc. , 1993.

[2] David Oliver. The Shaggy Steed of Physics: Mathematical Beauty in the Physical World. 2nd ed. Springer, 2003.

[3] Subrahmanyan Chandrasekhar. Newton's Principia for the Common Reader. Oxford University Press, 2003.

24 电子自旋是相对论性质

电子自旋的概念来自对原子束和光谱的研究，泡利提出了不相容原理，构造了泡利矩阵来描述自旋。薛定谔的量子力学方程里没有自旋量子数，泡利的量子力学方程用两分量波函数描述电磁场中的电子，而狄拉克的相对论量子力学方程——相应的波函数是四分量的——会引导人们认识到电子自旋是相对论性质。

电子，自旋，泡利矩阵，

狄拉克方程，角动量守恒

1. 电子之量子力学方程的三个层次

提起量子力学，人们就会想起薛定谔（Erwin Schrödinger, 1887–1961）方程

$$i\hbar\frac{\partial\psi}{\partial t} = H\psi$$

以为薛定谔方程就是量子力学的基本方程。这个看法我也曾有过，但我觉得它很不全面，如果不是很不正确的话。薛定谔方程于1925年底由薛定谔构造出来（那是个传奇过程）并用于氢原子问题（相关内容于1926年分四部分发表），求得电子–质子体系中电子的能级满足关系 $E_{n\ell m} \propto -\frac{1}{n^2}$。这个结果，再现了玻尔原子模型给出的氢原子中电子能级公式，但是更高明。玻尔的氢原子能级公式 $E_n \propto -\frac{1}{n^2}$ 是一个量子数n的函数，其中量子数n来自轨道量子化条件。虽然玻尔的氢原子能级公式很好地解释了氢原子的光谱，但它依然是错的。薛定谔的原子能级 $E_{n\ell m} \propto -\frac{1}{n^2}$ 是三个量子数的函数，量子数$n\ell m$是相关联的。薛定谔方程是电子的量子力学方程之第一层次，相应的波函数是单分量的。薛定谔1926年论文的题目是《作为本征值问题的量子化》，大概到1987年才算有人看出这题目的深意，虽然当时参与协助的外尔早就明白。

24

1927年，泡利（Wolfgang Pauli，1900–1958）为电子构造了泡利量子力学方程 $i\hbar\dfrac{\partial\psi}{\partial t} = H\psi$，这里的哈密顿量 H 描述电子与电磁场之间的相互作用

$$H = \frac{1}{2m}[\boldsymbol{\sigma}\cdot(\boldsymbol{p} - q\boldsymbol{A})]^2 + q\varphi$$

其中 $(\boldsymbol{A}, \varphi)$ 是电磁势，$\boldsymbol{\sigma}$ 是所谓的泡利矩阵（见下文）。泡利矩阵是 2×2 矩阵，因此此处的波函数 ψ 必是两分量的，即要求

$$\psi = \begin{pmatrix} \psi_+ \\ \psi_- \end{pmatrix}$$

泡利量子力学方程是电子的量子力学方程之第二层次，相应的波函数是两分量的，称为旋量（spinor）。两分量波函数足以描述电子这样的自旋为 $\dfrac{1}{2}$ 的粒子。

1928年，狄拉克（Paul Adrien Maurice Dirac，1902–1984）构建了关于电子的相对论量子力学方程。这其中关键的一步类似作因式分解

$$x^2 + y^2 = (\alpha x + \beta y)^2$$

要求 $\alpha\beta + \beta\alpha = 0$，$\alpha^2 = \beta^2 = 1$，反对称条件 $\alpha\beta + \beta\alpha = 0$ 是非常强的限制。一个合理的选择是 α，β 应为矩阵。狭义相对论考虑的是四维时空，最简单的 α，β 应为 4×4 矩阵。常规的狄拉克方程写法是

$$i\hbar\,\gamma^{\mu}\partial_{\mu}\psi - mc\psi = 0$$

其中 $\gamma^0 = \begin{pmatrix} \boldsymbol{I_2} & 0 \\ 0 & -\boldsymbol{I_2} \end{pmatrix}$，$\gamma^i = \begin{pmatrix} 0 & \boldsymbol{\sigma_i} \\ -\boldsymbol{\sigma_i} & 0 \end{pmatrix}$，$\sigma_i$ 是泡利矩阵，$i = 1$，2，3。鉴于 γ^{μ} 都是 4×4 矩阵，则此处的波函数必是4分量的。狄拉克量子力学方程是电子的量子力学方程之第三层次，它会告诉我们更多关于自然的奥秘。

2. 二值问题、自旋与泡利矩阵

原子物理的研究，比如银原子束在非均匀磁场中的分裂问题（下图）、原子谱线的双线问题，引出了二值（two-valuedness）问题，就是哲学上的一分为二的问题。这个问题的理解最后着落到电子拥有自旋标签这个结论上了。自旋的问题博大精深，自旋的发现是一场思维历险，有兴趣的读者可以深入了解一下。如何描述一个二值问题呢？ 如果表现的二值是等价的，则表现的特征，用矩阵表示的话，应该用本征值为1和−1的2×2厄米特矩阵来描述。但是，本征值为1和−1意味着这矩阵的迹总为零。如果自旋是类似角动量的物理量的话，那自旋还要满足角动量的代数

$$[\boldsymbol{J}, \boldsymbol{J}] = i\hbar \boldsymbol{J}$$

综合这几项考虑，表述的问题那就几乎没有多少可选择的余地了。这个描述电子自旋角动量的数学对象，就是泡利矩阵

$$\sigma_1 = \begin{pmatrix} 0 & 1 \\ 1 & 0 \end{pmatrix}; \ \sigma_2 = \begin{pmatrix} 0 & -i \\ i & 0 \end{pmatrix}; \ \sigma_3 = \begin{pmatrix} 1 & 0 \\ 0 & -1 \end{pmatrix}$$

泡利矩阵所包含的内容多了去了，其中之一是它引领我们认识到，粒子的自旋是相对论性的。

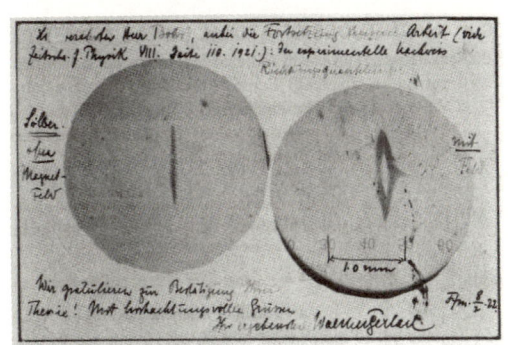

著名的施特恩−盖拉赫（Stern-Gerlach）实验，
一束银原子经过非均匀磁场后总是被分为两束（1922年）

3. 相对论度规

考察某四维空间，其中的距离由洛伦兹（Hendrik Antoon Lorentz，1853–1928）度规定义，即对于矢量 $\boldsymbol{x} = (x_0, x_1, x_2, x_3)$，其模平方为

$$|\boldsymbol{x}|^2 = x_0^2 - x_1^2 - x_2^2 - x_3^2$$

这样的空间就是狭义相对论的闵可夫斯基（Hermann Minkowski, 1864–1909）空间。所谓的洛伦兹变换 $\boldsymbol{A}$，就是保洛伦兹度规的变换，要求保证 $|\boldsymbol{Ax}|^2 = |\boldsymbol{x}|^2$ 成立。

群的同构方面的知识告诉我们，这个空间有其它的表示方式。考察洛伦兹群同 $SL(2, C)$ 群之间的同构关系，每个矢量 $\boldsymbol{x} = (x_0, x_1, x_2, x_3)$ 可以表示成一个 2×2 自伴随矩阵[*]

$$\boldsymbol{x} = \begin{pmatrix} x_0 + x_3 & x_1 - \mathrm{i}x_2 \\ x_1 + \mathrm{i}x_2 & x_0 - x_3 \end{pmatrix}$$

有 $\det(\boldsymbol{x}) = |\boldsymbol{x}|^2 = x_0^2 - x_1^2 - x_2^2 - x_3^2$，即这个矩阵的矩阵值再现了闵可夫斯基空间的洛伦兹度规。这个 2×2 自伴随矩阵一样构成了一个四维矢量空间，其四个正交基为

$$\boldsymbol{\sigma_0} = \begin{pmatrix} 1 & 0 \\ 0 & 1 \end{pmatrix}; \quad \boldsymbol{\sigma_1} = \begin{pmatrix} 0 & 1 \\ 1 & 0 \end{pmatrix}; \quad \boldsymbol{\sigma_2} = \begin{pmatrix} 0 & -\mathrm{i} \\ \mathrm{i} & 0 \end{pmatrix}; \quad \boldsymbol{\sigma_3} = \begin{pmatrix} 1 & 0 \\ 0 & -1 \end{pmatrix}$$

则

$$\boldsymbol{x} = \begin{pmatrix} x_0 + x_3 & x_1 - \mathrm{i}x_2 \\ x_1 + \mathrm{i}x_2 & x_0 - x_3 \end{pmatrix} = x_0\boldsymbol{\sigma_0} + x_1\boldsymbol{\sigma_1} + x_2\boldsymbol{\sigma_2} + x_3\boldsymbol{\sigma_3}$$

明眼人可能已经注意到了，$\boldsymbol{\sigma_1}$，$\boldsymbol{\sigma_2}$，$\boldsymbol{\sigma_3}$ 就是前述的泡利矩阵，而它们竟然出现在闵可夫斯基空间的洛伦兹度规的表示中。这让人们隐约感觉到，自旋与狭义相对论有关。

---

[*] 　就是厄米特矩阵。

4. 狄拉克方程下的角动量守恒

狄拉克的电子哈密顿量为 $H = \boldsymbol{\alpha} \cdot \boldsymbol{p} + m\beta$。根据我们一直坚信的经典力学和量子力学的信条，一个物理量同哈密顿量之间的量子对易式（经典力学语境下是泊松括号）为零，则该物理量为守恒量。现在考察一个自由电子的角动量算符 $\boldsymbol{L} = \boldsymbol{x} \times \boldsymbol{p}$（这就是经典的角动量定义），可计算其任一分量同哈密顿量之间的对易式

$$i\hbar \frac{\mathrm{d}L_x}{\mathrm{d}t} = \hbar \left[yp_z - zp_y, \boldsymbol{\alpha} \cdot \boldsymbol{p} \right] = \hbar (\alpha_y p_z - \alpha_z p_y)$$

可见 $i\hbar \dfrac{\mathrm{d}\boldsymbol{L}}{\mathrm{d}t} = \hbar (\boldsymbol{\alpha} \times \boldsymbol{p})$，也即自由电子的角动量不守恒。这是怎么回事，一个自由的电子怎么可能角动量不守恒呢？

如何消解这个矛盾？若假设电子具有大小为 $\dfrac{\hbar}{2}$ 的内禀角动量，即自旋角动量矢量为

$$\boldsymbol{S} = \frac{\hbar}{2} \begin{pmatrix} \boldsymbol{\sigma} & 0 \\ 0 & \boldsymbol{\sigma} \end{pmatrix}$$

则电子的总角动量为 $\boldsymbol{J} = \boldsymbol{L} + \boldsymbol{S}$。考察 $\boldsymbol{S}$ 的任意分量随时间的变化，发现

$$i\hbar \frac{\mathrm{d}S_x}{\mathrm{d}t} = \frac{\hbar}{2} \left[S_x, \boldsymbol{\alpha} \cdot \boldsymbol{p} \right] = -\hbar (\alpha_y p_z - \alpha_z p_y)$$

这样，我们得到了 $i\hbar \dfrac{\mathrm{d}\boldsymbol{J}}{\mathrm{d}t} = [\boldsymbol{J}, H] = 0$，即算符 $\boldsymbol{J} = \boldsymbol{L} + \boldsymbol{S}$ 是守恒的。也就是说，若我们认定一个自由的电子其角动量应该是守恒的，那它除了轨道角动量 $\boldsymbol{L} = \boldsymbol{x} \times \boldsymbol{p}$ 以外，还应该有个自旋角动量

$$\boldsymbol{S} = \frac{\hbar}{2} \begin{pmatrix} \boldsymbol{\sigma} & 0 \\ 0 & \boldsymbol{\sigma} \end{pmatrix}$$

这就是人们常说的电子具有内禀角动量 $\dfrac{\hbar}{2}$，或者说电子是自旋 $\dfrac{1}{2}$ 的粒子。在

量子力学语境下引入的电子自旋这个概念，竟然凭借相对论性的狄拉克方程获得了存在的合理性。

多余的话

有一种说法，近代物理的两大支柱是量子力学和（狭义）相对论。我们看到，量子力学和（狭义）相对论是不分家的。它们有着千丝万缕的联系，只是在学问的深处才体现出来。

在给出相应的量子力学方程时，薛定谔1926年39岁，泡利1927年27岁，狄拉克1928年26岁，他们除了有极强的物理直觉以外，还有扎实的数学基础。这方面尤以泡利最为突出，他中学毕业时即有足够的数学水平研究广义相对论。泡利引入了泡利矩阵，其实那个矩阵据信在数学里出现过。但是在1925年，海森堡（Werner Heisenberg，1901–1976）甚至没听说过矩阵，多亏了大师玻恩（Max Born，1882–1970）敏锐地注意到了海森堡推导的关于谱线强度的内容与矩阵算法有关，这才有了所谓的矩阵力学（量子力学的一个别名）。数学，物理，很难说一个不懂数学的人做的物理算是物理。

关于物理的内容，一方面描述自旋的泡利矩阵和洛伦兹度规有关系，另一方面（狭义）相对论量子力学方程的哈密顿量不能让自由电子的角动量守恒，除非给电子的角动量加上内禀的角动量 $\frac{\hbar}{2}$，也就是说相对论量子力学方程要求电子有自旋。这两点应该说没有人为地往一起凑的痕迹。**巧合指向同一结果，巧合便有了确切的意义。**类似的巧合还发生在量子概念引入的过程中。普朗克从瞎猜的熵与内能关系得到了黑体辐射公式，又从玻尔兹曼的统计物理原理出发得到了黑体辐射公式。[*]两个完全不同的假设，循着完全不同的路径，得到了同一样的公式，那就不是一般的巧合。那里的假设，比如$\frac{U_v}{h v}$为整数的假设，就必须被认真对待了。$\frac{U_v}{h v}$为整数，那$h v$就是频率为v的光的能量单元。光的能量有最小单元$h v$，这个结论吓坏了提出者本人，普朗克自己也没想到啊——普朗克后来一直被誉为"违背自己意愿的革命家"！

笔者还注意到一个问题，电子的量子力学波函数是由1分量而2分量而4分量这么扩展的，想起了数系是由一元数（就是实数）而二元数（就是复数）而四元数扩展的。可数还有八元数啊，总觉得没有8分量波函数的量子力学方程，量子力学就不完整。量子力学不完整，这世界也不完美。

建议阅读

[1] Erwin Schrödinger. Quantisierung als Eigenwertproblem（作为本征值问题的量子化）. Annalen der Physik, 1926, 79: 361-365. 1926, 79: 489-527. 1926, 80: 437-490. 1926, 81: 109-139.

[2] Wolfgang Pauli. Zur Quantenmechanik des magnetischen Elektrons（磁性电子的量子力学）. Zeitschrift für Physik, 1927, 43: 601-623.

[3] P. A. M. Dirac. The Quantum Theory of the Electron. Proceedings of the Royal Society A: Mathematical, Physical and Engineering Sciences, 1928, 117(778): 610-624.

[4] Sin-itiro Tomonaga. The Story of Spin. The University of Chicago Press, 1997.

[5] S. Sternberg. Group Theory and Physics. Cambridge University Press, 1994.

*   1924年，印度人玻色（Satyendranath Bose，1894–1974）在假设光子能级存在简并的前提下得到了黑体辐射的第三种推导方式，由这个黑体辐射公式还引出了化学势和光子存在两种自旋的概念。

25 存在反粒子的证明

狄拉克的相对论量子力学方程有负能解。万般无奈之下，狄拉克为这个负能解找了一个存在反粒子的解释。这个解释一出，反粒子就在宇宙线观测中被发现了。

狄拉克方程，负能解，空穴，

反粒子，反物质

1. 电子的相对论量子力学方程及其负能量解

1928年，狄拉克给出了电子的相对论量子力学方程 $i\hbar\gamma^\mu\partial_\mu\psi - mc\psi = 0$，其中 γ^μ 都是4×4矩阵，此处的波函数须是4分量的形式

$$\psi = \begin{pmatrix} \psi_1 \\ \psi_2 \\ \psi_3 \\ \psi_4 \end{pmatrix}$$

如果解这个方程，会同时得到能量为 E 和 $-E$ 的解（正能量态和负能量态之间至少差 $2m_ec^2$）。电子的相对论量子力学方程有负能量解，这个负能量的解又不能一扔了之，因为根据量子力学的理论（其实是自伴随算符的本征值问题理论），所有的本征值对应的本征态一起张成一个完备的希尔伯特空间。如果接受存在负能量，那电子在不同态之间的跃迁会辐射出极大的能量，自然界却又没这事儿。必须给负能量的解找个合情合理的说法。

狄拉克是构造物理理论的高手，也是编故事的高手。1929年，狄拉克撰文宣称，也许存在负能态，但所有的负能态都被电子占据了。负能量状态上的电子被激发到正能量状态上去，就在"负能量电子海"中留下了一个空穴（hole）。这个空穴在外电场下的行为类似一个带正电荷的粒子。狄拉克接着谈及也许质子就是这么个负能量电子海中的空穴。不过，他也注意到了质子的质量与电子质量差一千多倍，这是个麻烦，让他的这个理论显得很不

靠谱。

奥本海默（Julius Robert Oppenheimer，1904–1967）就反对狄拉克对负能解的这种解释。如果质子是负能量电子海中的空穴，那氢原子这种电子加质子的体系还不瞬间就干柴烈火了，而事实是，氢原子是极度稳定的，它构成了几乎100%的宇宙总质量。迫不得已，1931年，狄拉克又抛出了新的解释："负能量解也许对应反电子（anti-electron）的存在，即存在和电子质量完全相同但是电荷相反的粒子。"这种同电子电荷相反的粒子，是带正电的电子，如今就叫作正电子（positive electron），英文为positron。

正电子的说法，跟负能量电子海相比，就更惊世骇俗了。想象一下，这个世界上还存在一个和你有一样的身高体重、一样的年龄，用同样的身份证只是和你性别相反的家伙，这得多么……嗯，多么希望它是真的。这种荒唐的图景也能是大自然的真实面目？

一个好的物理学家，不怕有荒唐的想法，只怕自己的想法不够荒唐。

2. 正电子的发现

狄拉克1931年抛出了存在正电子的奇怪念头。1932年8月2日，安德森（Carl David Anderson，1905–1991）就宣称他发现了正电子，并因此获得了1936年的诺贝尔物理学奖。安德森用气泡室研究宇宙线，他在一张拍摄到的气泡室照片上发现了同时出现的、方向相反但弯曲程度差不多的粒子径迹。磁场下带电粒子轨迹的曲率半径由粒子的荷质比 q/m 所决定，反向的、大约相同的轨迹意味着粒子具有相反的电荷和相同的质量。此后，安德森又用由放射性核衰变而来的伽马射线照射物质，产生了电子–正电子对（下页上图），从而获得了存在与电子质量相等、电荷相反之粒子的确凿证据。根据

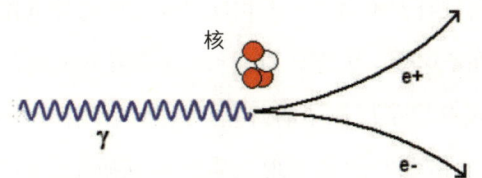

安德森1932年那张宇宙线经过气泡室后可观察到正电子的实验照片不易直观地得出存在正电子的结论，这里笔者选用伽马射线产生电子 – 正电子对的过程，以便读者见识到更有说服力的直观证据。下图的照片中可见一个"个"字形的线条，这里是伽马射线 – 原子核碰撞的发生处，中间的那根线差不多是直直地延伸出去的，这是作反冲运动的原子核留下的径迹。在碰撞的发生处出现了两个螺旋（在垂直磁场的平面内运动的粒子，若因与分子碰撞不断损失动能，其轨迹就是螺旋），两个螺旋向相反方向展开，且弯曲程度差不

电子 – 正电子对产生过程的气泡室照片

229

多，表明确实是由具有差不多大小但相反之荷质比的带电粒子造成的。这算是证明了确实存在正电子。物理证明，尤其是存在性证明，找出来就算数。

反电子的发现开启了反粒子的研究。既然电子存在反电子，那其它粒子是否也有类似的情况？后来发现，质子有反质子，中子存在反中子。质子–反质子与电子–反电子关系类似，都是质量相等、电荷相反；中子不带电荷，所谓的反中子，其与中子质量相同，但是具有相反的重子数（baryon number）。反质子和反中子相继于1955年和1956年被发现。这时候可以说，狄拉克的理论，或者说瞎编，获得了意想不到的成功。

多余的话

据说，1929年斯科别利岑（Dmitri Vladimirovich Skobel'tsyn, 1892–1990）用云室探测宇宙线中的伽马射线时，就注意到了有和电子弯折方向相反的粒子。但是，没有狄拉克的疯狂思想，这个和电子在磁场下偏折方向相反的粒子，也不过是被当作某种未知的带正电荷的粒子而已。只有云室照片的实验物理学家很难会把它解释成电子的反粒子。据信赵忠尧先生（1902–1998）1929年在研究伽马射线被铅散射的过程时，其记录到的一些事件在安德森1932年证实了狄拉克的理论以后，也被发现完全就是原子散射伽马射线产生电子–正电子对的过程。假如历史可以假设，斯科别利岑和赵忠尧先生的实验是在1931–1932年间做的，且两人还熟悉狄拉克为自己的方程之负能解寻求解释的不懈努力，那或许就是他们俩中的某一位是正电子的发现者了。好的实验都是理论的，你信了吗？

所以，伟大的实验发现，有理论意识在实验者的头脑中，在恰当的时候做出来，确实很重要。晚了没有优先权，早了赶不上风云际会也不能成就其伟大。由此我们也就能理解，一些伟大的发现之中有很多的巧合因素在里面，不是因为那个成功者多了不起。在德国、瑞士，一个诺奖得主只意味着他的某项工作获得了诺贝尔奖委员会的奖励，他若本不是教授，获奖后也未必能成为教授，更别说成为一个伟大的科学家了。这说明人家对科学研究是怎么档子事儿有清醒的认识，也知道那些没有成就的研究者也是这个国家之科学希尔伯特空间的固有维度。赢者通吃的国度，恐怕还是缺了点儿科学的土壤，倒是奖掖了花样鸡贼与掠夺。

建议阅读

[1] P. A. M. Dirac. A Theory of Electrons and Protons. Proceedings of the Royal Society A, 1930, 126(801): 360-365.

[2] P. A. M. Dirac. Quantised Singularities in the Electromagnetic Field. Proceedings of the Royal Society A, 1931, 133(821): 60-72.

26 存在电磁波的证明

麦克斯韦波动方程意味着电磁波的存在。赫兹的实验装置产生了电火花，并且在远处的两个用金属线连接的金属球中间打出了火花，这证明了电磁信号是可以在空间中传播的，是不是能证明作为麦克斯韦波动方程解之电磁波的存在那有什么关系。赫兹的这个实验是光电效应研究的前身，它是确立光能量量子的关键。

麦克斯韦方程组，波动方程，

电磁波，赫兹，光电效应，电报

1. 上天最眷顾的天才赫兹

提起海因里希·赫兹（Heinrich Hertz，1857–1894），人们会想起电磁波的频率单位Hz。赫兹曾就教于基尔霍夫（Gustav Robert Kirchhoff，1824–1887）和亥尔姆霍兹（Hermann von Helmholtz，1821–1894）门下，这两位可都是电磁学的奠基人。1880年在柏林大学获得博士学位后，赫兹一直从事电磁学研究。学物理的，大体会知道，电磁波的概念源自麦克斯韦方程组，赫兹于1887年证实了电磁波的存在。我仔细回忆了一下，我所读的中文物理教科书中很少提及赫兹对力学的贡献。赫兹辞世后留下三卷著作，卷一、二为电磁学，卷三即是《力学原理新论》。赫兹临终前没能修改完毕该书的第二部分，将之托付给了伦纳德（Philipp Lenard，1862–1947，1905年诺贝尔物理学奖得主、反爱因斯坦的主角）。该书德文版由亥尔姆霍兹作序，英文版由开尔文爵士作序。就凭这豪华阵势，你就该知道这本书的成色。这是关于力学和力学之创造的总结性思考与批判。力学在早先的欧洲，是英语的theory of force，或者德语的Kraftslehre，主角是力（force，die Kraft）。但是，《力学原理新论》是力学史（history of mechanics）上的标志性事件，从此以后力（force）被踢出了力学（mechanics）的范畴。力学（mechanics）里没有力（force）的存身之地！

赫兹是巨人肩膀上的巨人，他本人似乎也成了阿特拉斯。

2. 麦克斯韦方程组与电磁波

电磁学现象是最自然的现象，人类对电和磁现象的研究跨越千年。到了 1861–1862年左右，各种电磁现象，包括放电与电流、电和磁各自之间的作用以及交互感应等等，得到了充分研究，形成了高斯定理（电和磁）、法拉第感应定理（磁生电）和安培环路定理（电生磁）。麦克斯韦最伟大的地方是给安培环路定理加入了作为源的位移电流一项，于是有了关于电磁学的麦克斯韦方程组：

$$
\begin{cases}
\nabla \cdot \boldsymbol{D} = \rho \\[2mm]
\nabla \cdot \boldsymbol{B} = 0 \\[2mm]
\nabla \times \boldsymbol{E} = -\dfrac{\partial \boldsymbol{B}}{\partial t} \\[2mm]
\nabla \times \boldsymbol{H} = \boldsymbol{J} + \dfrac{\partial \boldsymbol{D}}{\partial t}
\end{cases}
$$

必须强调，麦克斯韦自己得到的方程组包含20个式子，这个简明形式（表示为矢量的内积和叉乘）的麦克斯韦方程组是由赫维赛德（Oliver Heaviside，1850–1925）给出的。赫维赛德是一个和麦克斯韦一样伟大的工程师、物理学家和数学家，他把复数用于研究电路，发展出矢量分析，改写麦克斯韦方程组……给我留下最深印象的是赫维赛德台阶函数——懂得这个函数，就知道做一件事一定要不懈努力直至跃上层次的道理。

引入电磁势 (A, φ)，$\boldsymbol{B} = \nabla \times \boldsymbol{A}$，$\boldsymbol{E} = -\nabla \varphi - \dfrac{\partial \boldsymbol{A}}{\partial t}$，再选择洛伦兹（Ludvig Lorenz，1829–1891）规范，由真空中的麦克斯韦方程组可得到方程

$$
\nabla^2 \varphi = \varepsilon_0 \mu_0 \frac{\partial^2 \varphi}{\partial t^2}
$$

写成一维形式就是

$$\frac{\partial^2 \varphi}{\partial x^2} = \frac{1}{v^2} \frac{\partial^2 \varphi}{\partial t^2}$$

的样子。然而，这不就是一维弦振动的方程嘛！弦振动是会产生声波的。

1873年，麦克斯韦预言电磁过程会产生电磁波，这个波动方程也就成了麦克斯韦波动方程。进一步地，由$v = \dfrac{1}{\sqrt{\mu_0 \varepsilon_0}}$根据当时实验值计算得到的结果与光速的测量值接近的事实，麦克斯韦断言电磁波的速度为光速，或者光就是电磁波？

哦，麦克斯韦给安培定理加入位移电流很伟大，预言电磁波很伟大，进一步悟到光可能是电磁波也很伟大。这些伟大被坐实，是因为不久赫兹证实了电磁波的存在。

既悟之，当证之！1873年以后的麦克斯韦，自己努力过要证实电磁波的存在吗？我竟然是这时（2019年1月29日20:29）才第一次想到这个问题。

3. 验证电磁波的存在

1887年，在德国中西部的卡尔斯鲁厄工业大学任教的赫兹利用一个电感－电容电路和接收装置（下页图），证明了电磁波的存在。这个振荡电路的线圈部分与另一个两端各接有一个金属锌球的线圈相耦合。两个锌球之间有火花间隙（spark gap）。通过按压开关给电容器充电放电，两个锌球中间（图中 S 处）就会出现火花。在一定距离外放置一个用金属导线连接两个锌球所构成的接收器。赫兹发现，当振荡电路的火花缝隙中间产生火花的时候，那个一点儿没有联系的、远处躺着的接收器上的两个锌球之间的缝隙，竟然也有时会出现火花。这证实了电磁波的存在。

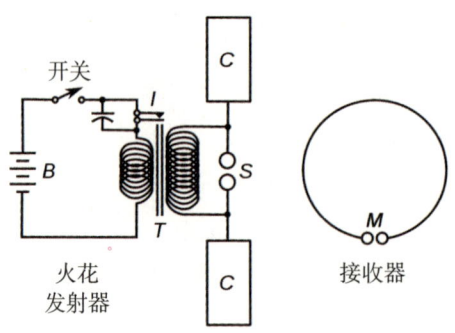

赫兹产生电磁波装置的示意图

这证实了电磁波的存在？

赫兹完成这个实验后，有学生问这有什么用。赫兹回答道："This is just an experiment that proves Maestro Maxwell was right（就是个证实大师麦克斯韦正确的实验而已）." 还有别的用吗？赫兹的回答是："没有！"

4. 电磁波存在的余波

笔者学直流电路和交流电路时，教科书给我的印象是：直流是不随时间变化的，或者变化的只是电流大小而其方向是不变的，交流（alternating）电的电流方向是来回切换的，仅此而已。后来的某一天我突然明白，带电感、电容的电路之最大特征是，它有东西飞出了电路，充满了空间。那个东西才让人更真切地感知法拉第的电磁场。

赫兹1887年的实验算不算验证了电磁波的存在？笔者以为，有一点儿确实的是，有什么东西从振荡电路飞出去了，在远处的两个锌球之间引起了火花。这算不算是电磁波有什么重要？赫兹没钱去雇佣几百个理论家算上几个月，硬把火花的强度函数分解成三角函数叠加的形式，并给出个掩耳盗铃式的置信度。**任何时序函数都可以分解成三角函数的叠加，那是因为 $e^{i2\pi nx}$ 和 $e^{-i2\pi nx}$ 构成完备正交基的事实，而不是因为存在什么波。**这个飞出电路的火花就说明问题了。

当赫兹的实验结果传到一个在阿尔卑斯山上旅游的意大利人马可尼（Guglielmo Marconi，1874–1937）的耳朵里时，这个13岁的小伙子马上想到赫兹的装置可以用于远距离传输信息。赫兹的这项工作有两个直接产出：其一是电报（电报机的按键就是图中让电容充电放电的按键 I。电影中女特务发报按的就是那个开关。不知道电台的工作原理及其在那个时代重要性的，可以复习一下老电影《永不消逝的电波》）；另一个就是学术上引出了量子力学的光电效应研究。为了更好地观察两个锌球之间的火花，接收装置被装入一面是玻璃的暗箱中。透光能力不同之玻璃下的行为引起了光电效应研究。爱因斯坦1905年对光电效应实验结果的解释，让他获得了1921年度的诺贝尔物理学奖，虽然爱因斯坦最伟大的工作是关于相对论的。狭义相对论就是源于关于麦克斯韦波动方程之变换不变性的研究，变换不变性是相对论的思想，变换指的是洛伦兹变换，而变换的一个结论，即速度相加的上限是光速，其实也来源于麦克斯韦波动方程的一个性质。注意，麦克斯韦波动方程 $\frac{\partial^2 \varphi}{\partial x^2} = \frac{1}{v^2} \frac{\partial^2 \varphi}{\partial t^2}$ 中的波速 v 是根据 $v = \frac{1}{\sqrt{\mu_0 \varepsilon_0}}$ 由 ε_0 和 μ_0 计算而来的，它没有参照系的问题。**光速没有参照框架！**笔者以为这才是狭义相对论最关键的地方。

赫兹还发现导体反射电磁波，还可以用凹反射面对电磁波聚焦，绝缘体会让电磁波通过等等。后来的量子力学（再强调一句，引起量子力学这项研究的光能量量子化问题，也源于光电效应）解释了导体与绝缘体的分别，于是有了半导体的概念，世界因此前进了一大步。当电磁波遇到了半导体，半导体（收音机）就开启了远距离听戏的时代。如今，电磁波加半导体让我们可以随时视频通信。

多余的话

赫兹是那种天才们都毫不犹豫地称其为天才的人。1894年1月1日海因里希·赫兹辞世。亥尔姆霍兹在《力学原理新论》一书的代序中写道："所有相信人类进步得益于人类智力极尽可能之发展以及人类智识相较自然情感和自然力之胜利的人们，无不为这位上天最眷顾之天才的逝世而沉痛万分。"赫兹36岁英年早逝，算是天妒英才了。亥尔姆霍兹毫不犹豫地使用了遭天妒的说法（Er sei dem Neid der Götter zum Opfer gefallen. 对应的英译为 He had fallen a victim to the envy of the gods）。咱们中国有句话叫"不遭人妒是庸才"，一个"人"字就把整个境界拉低到矿井之下了。遭人妒谈不上什么才不才的，遭天妒才算有才。物理界的赫兹和马约拉纳（Ettore Majorana，1906–1938?[*]）算得上，数学界的阿贝尔和伽罗瓦算得上。他们的数学抑或物理成就，真是到了天也妒的高度。

赫兹家族大概有做实验的天赋。1887年海因里希·赫兹取得最辉煌实验成果的时候，他的侄子古斯塔夫·赫兹（Gustav Hertz，1887–1975）出生。古斯塔夫也是一位杰出的实验物理学家，因为研究电子与气体的非弹性碰撞而获得1925年度的诺贝尔物理学奖。他获奖的依据就是弗兰克－赫兹（Franck-Hertz）实验，该实验研究稀薄水银蒸气的 I–V 曲线，发现每隔 4.9 V 电流曲线就呈现一个抬高的峰，这证实

[*] 马约拉纳1938年失踪，生死不明。

了原子中的电子轨道能量确实是分立的。这是早期量子力学建立的一个重要实验依据。当然了，古斯塔夫·赫兹和本篇主角海因里希·赫兹不可同日而语，估计提到赫兹的时候很少有人会想到物理学诺奖得主古斯塔夫·赫兹。诺奖也无力提升一个人的科学名望，历史到底还是客观的。这样想来，诺奖也不必为自己的苍白而惭愧。

　　显示赫兹是一位思想最深刻的物理学家的，仍然是他的力学见解。他的《力学原理新论》是对力学基础的系统批判。可惜的是，赫兹、马赫，还有早前的欧拉、莱布尼茨、伯努利家族的，以及莎特莱侯爵夫人、雅可比、拉普拉斯和拉格朗日等，他们建立起来的庞大力学体系在我国鲜见系统的教学。提起力学，就是牛顿第二定律，可能还有胡克的弹簧。更有甚者，有人竟然把不可作力学（theory of force, Kraftslehre）理解的mechanics, dynamics 一概当成力学而鼓吹什么大学物理的"四大力学"*，却完全不知道力的概念早被赫兹等人踢出物理学的史实。

建议阅读

[1] Heinrich Hertz, H. von Helmholtz. Die Prinzipien der Mechanik in neuem Zusammenhange dargestellt（力学原理新论）. Johann Ambrosius Barth, 1894. 有英文版 The Principles of Mechanics: Presented in a New Form. Macmillan, 1899. 与原文相较，误解之处颇多

[2] Giovanni Lampariello. Das Leben und das Werk von Heinrich Hertz（赫兹其人其事）. VS Verlag für Sozialwissenschaften, 1955.

[3] Heinrich Hertz. Über einen Einfluss des ultravioletten Lichtes auf die elektrische Entladung. Annalen der Physik, 1887, 267(8): 983-1000.

[4] James Clerk Maxwell. A Treatise on Electricity and Magnetism: Vols. 1 & 2. Clarendon Press, 1873.

---

* quantum mechanics（量子力学），classical mechanics（经典力学），electrodynamics（电动力学），thermodynamics（热力学）被当成力学好委屈哦。给你们一人一盘酱油炸米糕体会一下它们的心情。

27 引力弯曲光线的证明

引力弯曲光线不在于光线偏折了多大的角度，而在于理解为什么引力能够弯曲光线。仅凭量纲分析就能得到偏折角度的正确表达。光线不弯折，光的路径就是直线的物理定义。

光线弯折，引力，广义相对论，引力透镜

1. 光线的直与弯

光走直线，这是几何光学的基本出发点。雨后云边直射的阳光给我们以光线（射线、直线）的印象。然而，光线又是可以弯折的。观察水中直立的芦苇和游动的鱼，容易得出光线在水面处弯折（refraction，中文译为折射）的结论。光的反射和折射是自然现象，其规律早已为人们所掌握。光在水面处弯折，那是因为两边的空气和水是两种不同的物质。不同物质弯折光线的能力由其折射率所表征。倘若光线经过的空间中折射率连续变化，光线就会被连续弯折，或者说是沿着一条曲线传播。光线沿直线传播的观念，在人类还无意识的时候就已经嵌入到我们的视觉诠释体系中了。不管光线经过怎样的波折才到达我们的眼底，我们一概按照光沿（想象的）直线传播的规律去构造那个可能的光源。水里的鱼反射的光，经过水面折射后进入我们的眼睛，我们按照光沿直线传播的规律搜寻作为光源的那条水里的鱼。在鱼叉无数次错过目标后，人们总结出了水里的鱼在我们看到的位置前下方的结论——是光沿直线传播后进入我们眼睛的这种浅薄认识误导了我们的视觉判断。沙漠中容易遇到海市蜃楼，那是因为地表附近空气密度连续、大范围地变化让远处的风景（光）经扭曲后进入我们的眼睛，而我们的大脑又固执地认为看到的光线都有单纯的直线传播历史才造成的幻象。

光可以被物质偏转，说到底是被电磁场偏转。这不奇怪。光本身是电磁现象，是电磁相互作用的传递者（carrier）。那引力呢？引力也能偏转光线吗？

2. 牛顿的疑问

牛顿研究光学，发现了阳光的光谱，还有牛顿环。牛顿在1704年出版的Opticks（《光学》）一书中列举了自己的一些疑问，其第一条就是：Do not bodies act upon light at a distance, and by their action bend its rays; and is not this action（*caeteris paribus*）strongest at the least distance?（物体不作用于远处的光并因此弯折光线吗？这作用不是距离最近的地方最强吗？）牛顿既研究引力，又研究光学。力学中物体的轨道是可以被外力弯曲的，光线在介质中也能被弯折，所以牛顿问出这个问题一点儿也不奇怪。

物体能否（凭引力）弯折远处的光线，在牛顿就是个疑问（query），出现在其著作中所列的queries中。1784年英国人卡文迪许（Henry Cavendish，1731–1810）、1801年德国人索尔德纳（Johann Georg von Soldner，1776–1833）都认定牛顿引力论预言经过一个大质量天体附近的星光会被弯曲，其中索尔德纳的计算于1804年发表并流传至今。1911年爱因斯坦基于等价原理计算出了和索尔德纳同样的结果。但是，在构造广义相对论的过程中，爱因斯坦于1915年认识到从前的计算结果只得到了偏转角的一半，于是又作了修正，爱因斯坦因此成为第一个得到引力弯曲光线正确计算结果的人。1919年，英国天文学家爱丁顿（Arthur Stanley Eddington，1882–1944）领导的探险队拍摄日全食时刻的星空照片，据说验证了引力偏折的爱因斯坦理论的正确性。这大体就是引力弯曲光线现象被提出和对待的历史简述。

3. 光线偏折的计算

索尔德纳的计算结果表明，远处来的星光经一个表面处加速度为 g 的星球所造成的偏折角 ω 由公式

$$\tan \omega = \frac{2g}{v\sqrt{v^2 - 4g}}$$

给出，其中 v 是光在星球表面的速度（那时候 c 还不是光速的专用符号，也没有光速不变的理念）。先不谈这个公式对不对，我们首先要问的是星球的重力凭什么能让光线偏折？索尔德纳很不好意思地承认："I treat a light ray almost as a ponderable body（我拿光当重物对待了）."他接着说："That light rays possess all absolute properties of matter, can be seen at the phenomenon of aberration, which is only possible when light rays are really material. And furthermore, we cannot think of things that exist and act on our senses, without having the properties of matter（光具有物质的所有绝对性质这一点，可以从光行差现象看出，这只有光是物质性的才有可能。再说了，我们也想象不出任何事物能存在还作用于我们的感觉却没有物质的性质）."这个……这个……这么论证就有点儿撒泼了。不过，索尔德纳接着说：由这个公式估算，地球甚至太阳造成的光的偏折角都太小，无法观察。他又接着论证：尽管观察不到，他的计算也是有益的，因为对能观察到和观察不到之影响的认识都同样扩展我们的知识。

对引力偏折光线的相对论计算，爱因斯坦1911年是基于等价原理计算的，即基于均匀引力场和加速度等价的观念进行计算（下页图），结果与索尔德纳一致。文中爱因斯坦承认是因为对自己四年前关于这个问题的文章（参见Jahrbuch für Radioaktivität und Elektronik，1907，4：411-462）不满意才旧话重提的。后来，等广义相对论构造出来，爱因斯坦又基于广义相对论

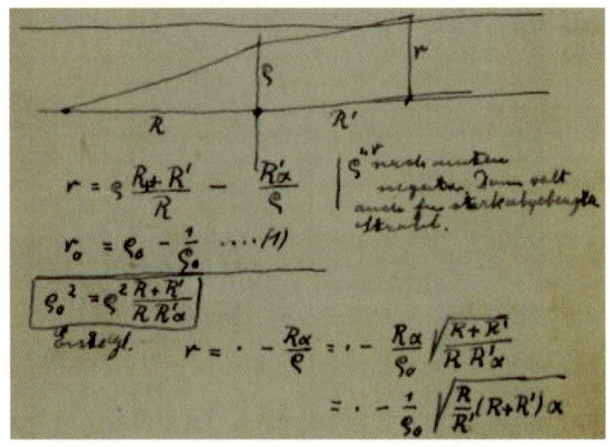

爱因斯坦1912年4月左右记录其关于引力弯曲光线计算的笔记，
收录于《爱因斯坦文集》第3卷585页

重新计算，结果是在原来的结果上加上一个2倍的修正因子。爱因斯坦1936年又关于此问题发表了一篇正式文章，其中就有引力透镜的概念了。

爱因斯坦1911年的文章假设均匀引力场和加速度等价——在加速参考框架内和一个具有均匀重力场的参考框架内，物理过程是一样的。引力场中光的速度是位置的函数，则光的波，根据惠更斯原理，会发生偏折。爱因斯坦由此导出的结果为

$$\omega = -\frac{1}{c^2}\int \frac{\partial \Phi}{\partial n'} \, ds = \frac{1}{c^2}\int_{-\frac{\pi}{2}}^{\frac{\pi}{2}} \frac{Gm}{R^2}\cos\theta \, ds = \frac{2Gm}{c^2 R}$$

其中 Φ 是引力势，G 是万有引力常数，m 是质量，R 是距离。这个结果与近似后的索尔德纳结果完全相同。由此计算的太阳对远处恒星光线的偏折是0".83（爱因斯坦原文）。至于基于广义相对论的计算，在1930年出版的著作中，爱丁顿爵士在该书第41节有个简洁的叙述。计算的出发点是光的性质 $ds \equiv 0$，引力偏折光线有了略显正当的理由："质量弯曲了时空，而光路是

时空中的测地线。"在球形的静止质量体附近，光的轨道方程为

$$\frac{d^2 u}{d\phi^2} + u = 3mu^2$$

由此得到光线偏折约为 $\frac{4m}{R}$，其中 m 是解球形质量引力场时得到的一个量纲为长度的积分常数，对应前文中的 $\frac{Gm}{c^2}$。对于太阳来说，$m = 1.47$ km，$R = 697000$ km，所以偏角约为 1".75。

其实，关于光线偏折角有个简单的、基于量纲分析的推导，非常干脆利索。光线偏折角 ω 是个无量纲量，就光路来说光的唯一性质就是速度 c，而物体的性质就是它吸引的能力，由 Gm 表征，G 是万有引力常数，m 是质量。决定弯折多少的另一个量就是光线靠物体有多近，即距离 R。偏折很小时，这近似就是瞄准距（请参考粒子散射问题）。当光线从星体表面掠过时，瞄准距就是星体的半径。这样，可得

$$\omega = f\left(\frac{Gm}{c^2 R}\right)$$

f 是一个未知形式的函数。函数 f 的形式，可从物理图像来确定，函数 f 是关于其自变量（argument）的正相关函数，$\frac{Gm}{c^2 R}$ 越大，它应该越大。其次，$\omega_0 = f(0) = 0$，则对于很小的偏折（现实的光线偏折总是很小）

$$\omega = \alpha \frac{Gm}{c^2 R}$$

现在只剩下一个需要确定的比例系数 α 了。可以看到：前述假设光是重物（ponderable body）的计算，得到 $\alpha = 2$；假设质量弯曲了光通行的时空的广义相对论给出了 $\alpha = 4$。你看到所用的理论基础是朝秦暮楚的，计算过程是颠三倒四的；但是，不管这系数是基于什么样的考量得到的，$\omega = \alpha \frac{Gm}{c^2 R}$ 这样的简单物理却永远是对的。

4. 光线偏折的观测

爱丁顿是相对论的拥趸。据说，1919年11月6日，当西尔伯斯坦（Ludwik Silberstein，1872–1948），一个自认为也是相对论专家的人，问他，是不是说过他是世界上真正懂得相对论的三人之一时，爱丁顿犹犹豫豫不肯回答。西尔伯斯坦坚持让爱丁顿回答这个问题，并催促他不必"so shy"嘛，爱丁顿回答道："Oh，no! I was wondering who the third one might be（呃，我不是不好意思。我就是在想那第三个会是谁啊）!"爱丁顿自认为懂得相对论是有根据的，其《相对论的数学理论》一书第一版出现在1923年，《关于引力相对论的报告》出版于1918年，仅在广义相对论面世两年之后。爱丁顿这种懂相对论的宇宙学家以后不易见到了。

爱丁顿为了验证光线偏折的理论，参与组织了到非洲西海岸观测1919年5月29日日全食的探险，并拍摄了大量太阳附近天区的照片（下页图）。爱丁顿处理了根据照片得到的结果。在其《相对论的数学理论》一书第41节，爱丁顿写道根据广义相对论的计算太阳附近光的偏折应为1".75，而1919年英国两支探险队得到的结果分别为1".98 ± 0".12和1".61 ± 0".30。呵呵，理论和实验 fit very well（符合得很好）的感觉有没有？一时间，英国人民，还有欧洲大陆和美洲大陆的人们，都在欢呼爱因斯坦广义相对论的伟大胜利，介绍相对论的文章铺天盖地。亚洲呢，南亚印度一个叫玻色的年轻人正在考虑空腔辐射的新推导，五年后他把被拒稿的论文寄给爱因斯坦，让爱因斯坦给翻译成德语投德国杂志，后来有了玻色－爱因斯坦统计的佳话。与此同时，东亚敝国某处的几个文人在想着怎么也邀请名人爱因斯坦来这儿白相白相。

提醒一句，所谓光线弯折的说法可能也过时了，它反映的是陈旧的概念体系。毕竟，按照经典力学，光线走光程为极值（按说该是最短）的路径，那是straightforwardly（直奔而去）! 反射、折射都可作如此解。在广义相对

爱丁顿获得的1919年日全食照片之一

论中，光的路径是引力场中的测地线，那可以理解为直线的定义——光走直线，或者说物理的直线是由光的路径定义的。光路永不弯折，光路就是直线。非极性标量的最小值就是0。光不是走直线，而是$ds^2 \equiv 0$。此外，光速是超越性的概念，不可比。

光路永不弯折，只是在非均匀空间中的光路给了你光路弯折的误解

多余的话

引力场偏折光线的验证，首重的是光线是否真的被重力偏折了。只要这偏折足够大，且能够排除其它因素（远处恒星的光在路上遭遇了什么，不是容易弄清楚的）就足够了。至于

$$\omega = \alpha \frac{Gm}{c^2 R}$$

中的比例因子α是2还是4倒在其次了。这就如同海王星的发现验证了基于经典力学对天王星不规则轨道的诠释，至于预言的海王星的质量及其轨道有多么（不）精确，那有什么打紧。至于说到测量结果接近$\alpha = 4$时的计算值验证了爱因斯坦引力理论对牛顿引力理论的胜利，持这种观点的人显然是太多情了些。爱因斯坦1911年基于相对论等价原理得出的结果（尽管不是基于1915年成型的广义相对论）也是$\alpha = 2$，与牛顿力学何干。至于爱丁顿给出的1919年测量值，其实是饱受争议的。据说因为争议太大，1979年英国不得不又组织人重新分析数据，结论

是爱丁顿的数据处理是合理的。对此，我只能"没有评论"。1919年的实验条件，类似上上页图中那样质量的照片，要是测量准了才叫见鬼呢！

有评论认为："The measurements are difficult，and the results were not accurate enough to decide which theory was right（测量很难，结果也不够准确到能判断哪个理论是对的程度）."这是中肯之论。但是，1919年是第一次世界大战后的第一年，英国科学家竟然去验证德国科学家的理论（索尔德纳和爱因斯坦都是德国佬），这是多么啊那个什么的事情啊。观测精确验证了理论，是多么值得欢呼啊！

据说爱因斯坦的理论后来被射电天文学给证实了。有人又提出这样的疑问："如果望远镜的精度是由 $\frac{\lambda}{d}$ 决定的，为啥射电望远镜会比光学望远镜能更精确地测定光线的偏折呢，两者的波长可是差七八个数量级的啊？关于这个问题，笔者没花时间研究过，或许有专业的解释吧。

我从来不怀疑物理学家的人品，我怀疑物理学和大自然！

建议阅读

[1] Johann Georg von Soldner. Über die Ablenkung eines Lichtstrahls von seiner geradlinigen Bewegung, durch die Attraktion eines Weltkörpers, an welchem er nahe vorbeigeht（论光自直线运动的偏折）. Berliner Astronomisches Jahrbuch, 1804: 161-172.

[2] Albert Einstein. Über den Einfluß der Schwerkraft auf die Ausbreitung des Lichtes（论重力对光传播的影响）. Annalen der Physik, 1911, 35: 898-908.

[3] Albert Einstein. Lens-like Action of a Star by the Deviation of Light in the Gravitational Field. Science, 1936, 84: 506-507.

[4] Arthur Stanley Eddington. The Mathematical Theory of Relativity. Cambridge University Press, 1923.

28 未完的黎曼猜想证明

黎曼享年40岁，研究数学不过20年，但他留下的数学遗产车载斗量。黎曼关于黎曼zeta函数的猜想，挑动了一代又一代数学家的好奇心。黎曼猜想的证明至今依然是个未竟的事业。

素数分布，欧拉，zeta函数，黎曼猜想，复变函数

1. 伯恩哈特·黎曼

黎曼是不世出的数学天才。不懂黎曼者，算不得数学家；其实不懂黎曼者，也很难算物理学家——在电磁学、量子力学、场论和广义相对论这些物理学领域，不懂与黎曼相联系的概念大概很难能得其中三昧*。黎曼对数学的贡献是全方位的、综合性的、开创性的，分析、代数、数论、几何等皆有涉猎。用黎曼名字命名的数学内容太多了，此处择取几条学物理的人必须了解的内容，包括黎曼面、柯西－黎曼方程、黎曼积分、黎曼不变量、黎曼映射定理、黎曼－刘维尔积分、黎曼几何、黎曼张量、黎曼－西尔伯斯坦（Riemann-Silberstein）矢量、自由黎曼气体、黎曼－莱博维茨（Riemann-Lebovitz）表述等等。注意，黎曼出生于1826年，1846年春入哥廷恩大学学修辞学和基督教神学，然而在这里他遇到了数学第一人（不是什么王子！）高斯，高斯建议黎曼改学数学。1847年黎曼转往柏林大学，在那里就教于雅可比、狄里希利以及艾森斯坦（Ferdinand Gotthold Max Eisenstein，1823–1852）**等人。1849年黎曼回到哥廷恩跟从高斯深造，于1851年获得博士学

---

*   宋代李淑《邯郸书目》云："诗书味之太羹，史为折俎，子为醯醢，是为三味。"

**   雅可比——经典力学奠基者之一，见于哈密顿－雅可比方程；狄里希利——物理学中讨论边界值问题时会遇到这个名字；艾森斯坦——笔者曾用艾森斯坦整数的概念证明三角格子没有单向缩放对称性，用高斯整数证明正方格子具有无穷多单向缩放对称性。

28

位。1854年黎曼首次开课（黎曼羞赧、内向、神经质，这些气质适合研究但不适合讲课），即开创了黎曼几何。从1851年获得博士学位算起，到1866年辞世，黎曼研究数学不过15年，其贡献就遍及数学各领域。即便从1846年上大学算起，那也不过就短短的20年。

对黎曼这样的人，笔者表示不理解，非常不理解。

2. 黎曼猜想

自然数是人类非常喜欢摆弄的对象，1，2，3，4，5，…那它们加在一起是多少呀？它们的平方加起来是多少啊？对于自然数或者自然数平方的和之类的级数，结果显然是发散的

$$S = 1 + 2 + 3 + 4 + \cdots \longrightarrow \infty$$
$$S = 1^2 + 2^2 + 3^2 + 4^2 + \cdots \longrightarrow \infty$$

人们转而研究如下级数和

$$S = \frac{1}{1} + \frac{1}{2} + \frac{1}{3} + \frac{1}{4} + \cdots$$

欧拉发现它是发散的，此系列前 N 项之和与 $\ln N$ 之差，即 $S_N - \ln N$，趋于一个常数 $\gamma = 0.57721...$，这个数如今被称为欧拉常数。级数

$$S = \frac{1}{1^2} + \frac{1}{2^2} + \frac{1}{3^2} + \frac{1}{4^2} + \cdots$$

收敛得很快。欧拉关于这个问题有个漂亮的解，给出结果为

$$\frac{1}{1^2} + \frac{1}{2^2} + \frac{1}{3^2} + \frac{1}{4^2} + \cdots = \frac{\pi^2}{6}$$

进一步地有

$$\frac{1}{1^4} + \frac{1}{2^4} + \frac{1}{3^4} + \frac{1}{4^4} + \cdots = \frac{\pi^4}{90}$$

等等。欧拉的一个漂亮工作，即等式

$$\sum_{n=1}^{\infty}\frac{1}{n^s}=\prod_p(1-p^{-s})^{-1}$$

其中 p 取所有的素数值，更是把 zeta 函数

$$\zeta(s)=\sum_{n=1}^{\infty}\frac{1}{n^s}$$

推到了聚光灯下。zeta 函数看来是个有趣且重要的数学研究对象，它和素数的分布有关。

　　注意，到此时，zeta 函数 $\zeta(s)=\sum_{n=1}^{\infty}\frac{1}{n^s}$ 中的变量 s 还是正负整数。或者，就算将 s 推广到整个实数域，我们一般人对 zeta 函数的性质也觉得还算亲切。但是，黎曼1859年将 zeta 函数中的变量 s 推广*到复数域，$s=\sigma+\mathrm{i}\tau$，指出在Re$(s)>1$的区域内 zeta 函数表示的级数是收敛的。此时的 zeta 函数成了黎曼 zeta 函数，它是个亚纯函数，在 $s=1$ 处有极点，留数为1。

　　黎曼 zeta 函数可表示为积分形式

$$\zeta(s)=\frac{1}{\Gamma(s)}\int_0^{\infty}\frac{x^{s-1}}{\mathrm{e}^x-1}\,\mathrm{d}x$$

其中 $\Gamma(s)=\int_0^{\infty}\mathrm{e}^{-x}x^{s-1}\mathrm{d}x$，其有性质 $\zeta(s)=2^s\pi^{s-1}\sin\left(\frac{\pi s}{2}\right)\Gamma(1-s)\zeta(1-s)$，由此引入了黎曼 zeta 函数零点的话题。注意 $s=-2k$（k是正整数）时，可由上式直接得出结论 $\zeta(s)=0$，因此 $s=-2k$ 是黎曼 zeta 函数的平凡零点。当然还有别的零点，它们被称为黎曼 zeta 函数的非平凡零点。

---

*　　generalization 是个习惯性的数学、物理研究方式。一切概念、体系都会落入 generalization 的魔爪。那个叫 Relativitätstheorie 的相对论也被 generalized 成了广义相对论，阶乘 $n!$ 被欧拉给 generalized 成了 $\Gamma(x)$函数。解析延拓（analytic continuation）不过是一种特殊的 generalization。参阅曹则贤著《物理学咬文嚼字》第96篇《推之成广义》。

引入 xi 函数

$$\xi(s) = \frac{1}{2}s(s-1)\pi^{-s/2}\Gamma\left(\frac{s}{2}\right)\zeta(s)$$

黎曼 zeta 函数的非平凡零点是 xi 函数的零点而平凡零点却不是。这样，xi 函数就把黎曼 zeta 函数的非平凡零点给挑拣了出来，研究黎曼 zeta 函数非平凡零点的问题等价于研究 xi 函数的零点问题。注意

$$\zeta(s) = 2^s\pi^{s-1}\sin\left(\frac{\pi s}{2}\right)\Gamma(1-s)\,\zeta(1-s)$$

或者更明确的

$$\xi(1-s) = \xi(s)$$

意味着这个函数有关于 $\mathrm{Re}(s) = \frac{1}{2}$ 的镜像关系（请思考一下复共轭是什么意思）。在1859年的论文里，黎曼大胆猜想，黎曼zeta函数的非平凡零点都在复平面内 $\mathrm{Re}(s) = \frac{1}{2}$ 的直线上。这就是著名的黎曼猜想（Riemann hypothesis）。 $\mathrm{Re}(s) = \frac{1}{2}$ 的直线被称为临界线（critical line）（下图）。在临界线上，xi函数取实数值。

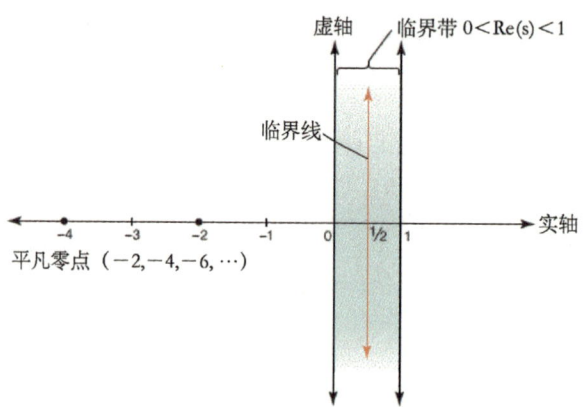

黎曼zeta函数的零点在复平面内的分布

黎曼猜想应该被证实或者被证伪。证明其正确的所谓证明，可能会有阿喀琉斯之踵，易遭受攻击而站不住脚；证明其错误的证明，未必容易，但却容易立住脚。即便没有系统的证伪的证明，只要找到一个非平凡零点，其实部不为 $\frac{1}{2}$，黎曼猜想就确定无疑是错误的了。注意，黎曼的论文谈论黎曼 zeta 函数的非平凡零点，但他没有给出任何一个具体的零点。黎曼 zeta 函数的非平凡零点不好找。1903年，即黎曼论文面世以后44年，有人公布了15个具体的非平凡零点，1914年增加到79个，1925年增加到138个，可见进展不易。突破发生在1932年。这一年德国数学家西格尔（Carl Ludwig Siegel，1896–1981）在黎曼的手稿（可惜大部分被付之一炬了！）里找到了计算非平凡零点的工具。有了西格尔整理的算法（计算的是临界线上的零点），加上计算机的应用，黎曼 zeta 函数非平凡零点的计算突飞猛进。1936年，各种计算方法得到的非平凡零点增加到1041个；1982年增加到3亿多个；据说到2004年已计算出8000多亿个。然而，这些计算得到的零点，其实部毫无例外地都是 $\frac{1}{2}$，这对于黎曼猜想的证实或者证伪几乎没有任何帮助。

另一方面，虽然很多数学家都是黎曼猜想证明的狂热实践者，系统性的证实或者证伪工作仍没有可靠的结果。数学家们太想获得黎曼猜想证明者的名望了，都到了魔怔的地步——模仿费马在书页边角写上"我发现了这个问题的一个简洁证明，但这儿地方太小写不下"的把戏也有人玩。英国数学家哈代同丹麦数学家玻尔（Harald Bohr，1887–1951）讨论完黎曼猜想坐船过海峡回英国时，就会给玻尔写个明信片，上书"我已证明了黎曼猜想"。如果不幸船翻人亡，这就如同费马大定理的简洁证明一样，成为一桩无头公案。这中间还发生了一段小插曲，与物理有关。大约1912–1914年间的某日，数学家波利亚（George Pólya，1887–1985）被数学家兰道（Edmund

Landau，1877–1938）问到黎曼猜想成立的可能物理基础是什么，波利亚说如果 $\frac{1}{2} + it$ 中的 t 是某个无界的自伴随算符的本征值的话，这应该算是个理由。物理量中无界的自伴随算符有位置算符和动量算符，2017年有人引入了如下形式的哈密顿量

$$\hat{H} = \frac{1}{I - e^{i\hat{p}}}(\hat{x}\hat{p} + \hat{p}\hat{x})(I - e^{-i\hat{p}})$$

作为候选的自伴随算符。不过，那里的构造过程要想满足数学家对严格性的要求，尚欠火候。作者们自己心里都直打鼓。

3. 阿提亚爵士的最后一击

在众多追逐黎曼猜想证明的数学家中，学贯数理的阿提亚爵士（Sir Michael Francis Atiyah，1929–2019）最值得一提。2018年9月24日，全世界数学爱好者的目光聚焦在了德国海德堡，89岁的阿提亚爵士在此宣读他关于黎曼猜想的证明。阿提亚爵士何许人也？阿提亚，一位具有哲学品味的数学家，菲尔兹奖和阿贝尔奖得主，曾任英国皇家学会会长，其数学成就包括几何代数、拓扑K理论基础、阿提亚－辛格指数定理等，后者可用于表征微分方程独立解的个数。阿提亚晚年的研究和著述兼顾数学与物理，著有The Geometry and Physics Knots（《纽结的几何与物理》），Geometry of Yang-Mills Fields（《杨－米尔斯场的几何》），Riemann Surfaces and Spin Structures（《黎曼面与自旋结构》）等书。阿提亚爵士以其数学成就和眼界赢得了世人广泛的尊重。

阿提亚爵士的黎曼猜想证明可大略表述如下。由黎曼 zeta 函数 $\zeta(s)$ 经

Todd 函数构造新的函数$F(s) = T(1 + \zeta(s + b)) - 1$，其中$b$假设是$\zeta(s)$的一个零点但不在临界线上，即其实部不为$\frac{1}{2}$。这样，有$F(0) = 0$。但是，临界带的凸性意味着$F(2s) = 2F(s)$。然而，$F(0) = 0$，函数$F(s)$的解析性意味着$F(s) \equiv 0$，而这意味着$\zeta(s) \equiv 0$，与假设矛盾。故$\zeta(s)$的零点只能在临界线上。QED。

阿提亚爵士的证明，弱点在 Todd 函数上——它的一些性质是未经证明的。有人评价阿提亚爵士的证明是"not even wrong（连错都算不上）！"这是物理学界用的对同行工作的最刻薄的评价，出自著名理论物理学家泡利之口。提醒读者朋友，not even wrong不可以拿来逞口舌之快。敢这样评价同事工作的人，必须判断准确、拥有良知，而这两点都不是一般人能拥有的。判断力、良知，有些"物理学家"可能就没听说过。

不到4个月后，阿提亚爵士猝然辞世。黎曼猜想的证明依然是一项未竟的事业、一项全人类共同的未竟事业。有必要指出，阿提亚爵士临终前几个月的"老糊涂之举"，一点儿也无损老先生的英明。看来，真名声还是经得住损伤的。

多余的话

如你所知，黎曼猜想至今还未被证明。证明黎曼猜想的痛苦还将继续折磨一些聪明的头脑。证明黎曼猜想的意义是什么？ 据说基于黎曼猜想正确这个前提的数学定理有一千多个，若是黎曼猜想错了，那这一千多个数学定理就全完了。其实，证明黎曼猜想的意义在于证明黎曼猜想是对还是错这件事本身，这就是全部的意义所在。至于那一千多个衍生定理的正确与否，那不是证明黎曼猜想的人所操心的。黎曼是人类的智慧高峰之一，是个明显的标尺。证明了黎曼猜想，人类的智慧就又往上推进一步。

黎曼猜想的最终证明着落到物理头上，也未必不可能。黎曼解析延拓了 zeta 函数，得到的黎曼 zeta 函数会给我们带来如下惊掉下巴的结果：

$$1 + 2 + 3 + 4 + \cdots = -\frac{1}{12}$$

$$1^2 + 2^2 + 3^2 + 4^2 + \cdots = 0$$

$$1^3 + 2^3 + 3^3 + 4^3 + \cdots = \frac{1}{120}$$

$$1^4 + 2^4 + 3^4 + 4^4 + \cdots = 0$$

如何理解这样的结果呢？据说，这个求和是基于函数的解析延拓求和〔出自拉马努金（Srinivasa Ramanujan，1887–1920）〕，而非一般收敛的无限数列求和。呃，如果这样，说明这个求和是个有明确定义的操作，那就很物理了。愚以为，让复数作为指数的数学、物理意义是什么，尤其物理意义是什么，这个问题不容回避！一个数学的操作，若其能作为物理现实的映射，能保证其不会走向荒唐的结果。当走向荒唐而又无力理解的时候，则认真检视其基础定义就有必要了。

2009年5月，我从国家图书馆影印了德文《黎曼数学全集及科学遗产》一书。坦白地说，读不懂。黎曼的文章被誉为 "well springs of creative thinking（创造性思维之泉）"，专业数学家都没几个读得懂的。读不懂有什么要紧，没读过才是遗憾。读过，又一直读不懂，才知道什么是真正有滋味的遗憾。这遗憾，足以告慰自己匮乏的智商。

黎曼猜想还在沉睡中，它在等着一个绝世高手给它惊艳一击，un beau coup que il se deserve！

建议阅读

[1] Bernhard Riemann. Bernhard Riemann's Gesammelte mathematische Werke und wissenschaftlicher Nachlass（黎曼数学全集及科学遗产）. Heinrich Weber, Richard Dedekind (eds.). Dover Publications, Inc. , 1953.

[2] Carl M. Bender, Dorje C. Brody, Markus P. Müller. Hamiltonian for the Zeros of the Riemann Zeta Function. Physical Review Letters, 2017, 118(13): 130201.

[3] 卢昌海 . 黎曼猜想漫谈：一场攀登数学高峰的天才盛宴 . 清华大学出版社 , 2016.

29 费马大定理的证明

费马宣称自己证明了但在书边写不下证明过程的那个猜想，后来变成了费马大定理。三百多年来，费马大定理的证明吸引了大批数学家前仆后继，也产生了诸多无心插柳式的成果。如今，费马大定理算是得到了证明，但也许我们还是可以期待费马曾以为得到过的那种简明的证明。

丢番图方程，代数，算术，

费马大定理

1. 费马这个人

法国人费马是科学史上的传奇人物，职业是律师，但为世人所熟知的却是他的数学研究。对学物理的人来说，费马的名字是与光学中的费马原理联系在一起的："光在两点间的传播所走的路径使得用时最短。"这是物理学中最小作用（量）原理（最少动作原理）发展过程中的关键一环。作为一个业余数学家，费马是微分求极值技术的先驱，还研究过数论、解析几何和概率论等学问。费马能熟读希腊文，通晓希腊典籍。有人评论说，费马的数学基础就是希腊典籍加上韦达的新代数方法。

2. 费马大定理

亚历山大的丢番图是位数学家，有代数学之父的美誉，编著有名为《算术》的丛书。《算术》丛书大部分已遗失。丢番图在《算术》丛书中考虑了许多不同形式的代数方程，其中之一是形为

$$x^n + y^n = z^n$$

的方程，其中 x，y，z 和 n 都是正整数。

对于 $n = 1$，方程

$$x + y = z$$

就是自然数的加法，有无穷多组解。

对于 $n = 2$，方程

$$x^2 + y^2 = z^2$$

有人们所熟知的毕达哥拉斯数组，如 (3, 4, 5)，(5, 12, 13)，(9, 40, 41)，(11, 60, 61)，(13, 84, 85)，(17, 144, 145)，(19, 180, 181) 等等，也有无穷多组解。

如果把 n 扩展到负整数，对于 $n = -1$，方程变为

$$x^{-1} + y^{-1} = z^{-1}$$

即射线光学方程，三数组 (6, 3, 2) 显然是方程的解。给定三个整数 m，n，k，令

$$x = km(m + n)$$

$$y = kn(m + n)$$

$$z = kmn$$

就能得到无穷多三数组满足 $x^{-1} + y^{-1} = z^{-1}$，比如 (15, 10, 6)，(28, 21, 12) 等等。

对于 $n = -2$，方程变为

$$x^{-2} + y^{-2} = z^{-2}$$

任意三数组

$$x = (u^2 - v^2)(u^2 + v^2)$$

$$y = 2uv(u^2 + v^2)$$

$$z = 2uv(u^2 - v^2)$$

其中 u，v 是互质的整数，满足这个方程，也有无穷多种可能。

费马在阅读丢番图的《算术》一书的拉丁文译本时，认真地研究过这些丢番图方程。1637年，费马在第11卷第8命题旁写下了一段话："将一个立方数分成两个立方数之和，或一个四次幂分成两个四次幂之和；或者一般地，将一个高于二次的幂分成两个同次幂之和，这是不可能的。关于此，我确信已发现了一种美妙的证法，可惜这里空白的地方太小，写不下。拉丁文原文不长，照录于此：

Cubum autem in duos cubos, aut quadratoquadratum in duos quadratoquadratos, et generaliter nullam in infinitum ultra quadratum potestatem in duos eiusdem nominis fas est dividere: cuius rei demonstrationem mirabilem sane detexi. Hanc marginis exiguitas non caperet.

意思是说，费马猜测方程 $x^n + y^n = z^n$ 对于 $n > 2$ 没有解，这就是所谓的费马猜想或者费马大定理[*]。有趣的是，费马写下这句话后直到28年后去世，并没有发表他宣称的证法。1667年，费马的儿子在他遗留的书本里翻到了这句话并公之于世，1670年《算术》一书再版就把费马的评论收录进去了。费马的评论或者猜想慢慢地也就变成了费马大定理。

---

[*] 汉语一般称为"费马大定理"，但英文 Fermat's last theorem 和法文 le dernier théorème de Fermat 一样，应该翻译成"费马最后定理"。法语也称 grand théorème de Fermat，这才是费马大定理。费马于1640年还提出了费马小定理，Fermat's little theorem, le petit théorème de Fermat。这种叫法只是为了和前述定理区分，两者没有比较意义上的大小之分。

Arithmeticorum Liber II.   61

interuallum numerorum 2. minor autem
1 N. atque ideo maior 1 N. + 2. Oportet
itaque 4 N. + 4. triplos esse ad 2. & ad-
huc superaddere 10. Ter igitur 2. adsci-
tis vnitatibus 10. æquatur 4 N. + 4. &
fit 1 N. 3. Erit ergo minor 3. maior 5. &
satisfaciunt quæstioni.

IN QVÆSTIONEM VII.

CONDITIONIS appositæ eadem ratio est quæ & appositæ præcedenti quæstioni, nil enim
aliud requirit quàm vt quadratus interualli numerorum sit minor interuallo quadratorum, &
Canones iidem hic etiam locum habebunt, vt manifestum est.

QVÆSTIO VIII.

PROPOSITVM quadratum diuidere
in duos quadratos. Imperatum sit vt
16. diuidatur in duos quadratos. Ponatur
primus 1 Q. Oportet igitur 16 — 1 Q. æqua-
les esse quadrato. Fingo quadratum à nu-
meris quotquot libuerit, cum defectu tot
vnitatum quod continet latus ipsius 16.
esto a 2 N. — 4. ipse igitur quadratus erit
4 Q. + 16. — 16 N. hæc æquabuntur vni-
tatibus 16 — 1 Q. Communis adiiciatur
vtrimque defectus, & a similibus auferan-
tur similia, fient 5 Q. æquales 16 N. & fit
1 N. ⁱ⁶⁄₅ Erit igitur alter quadratorum ²⁵⁶⁄₂₅
alter vero ¹⁴⁴⁄₂₅ & vtriusque summa est ⁴⁰⁰⁄₂₅ seu
16. & vterque quadratus est.

OBSERVATIO DOMINI PETRI DE FERMAT.

CVbum autem in duos cubos, aut quadratoquadratum in duos quadratoquadratos
& generaliter nullam in infinitum vltra quadratum potestatem in duos eius-
dem nominis fas est diuidere cuius rei demonstrationem mirabilem sane detexi.
Hanc marginis exiguitas non caperet.

QVÆSTIO IX.

RVRSVS oporteat quadratum 16
diuidere in duos quadratos. Pona-
tur rursus primi latus 1 N. alterius verò
quotcunque numerorum cum defectu tot
vnitatum, quot constat latus diuidendi.
Esto itaque 2 N. — 4. erunt quadrati, hic
quidem 1 Q. ille verò 4 Q. + 16. — 16 N.
Cæterum volo vtrumque simul æquari
vnitatibus 16. Igitur 5 Q. + 16. — 16 N.
æquatur vnitatibus 16. & fit 1 N. ¹⁶⁄₅ erit

H iij

法国1670年再版的丢番图《算术》一书中含费马评论的一页

3. 费马大定理的证明

费马大定理吸引了无数数学爱好者。然而，自1667年算起到二十世纪九十年代的三百余年间，没有数学家成功证明过这个猜想，以至于这个猜想被评为最困难的数学问题（当然是指人人能看懂的那类问题）。渐渐地，人们甚至从怀疑到底费马是否曾得到过这个猜想的简洁证明，到怀疑这个猜想到底是否有简洁证明。在对费马的怀疑声中，有观点认为他这么写时是确切知道自己并没有证明的，至于动机就不好说了。费马的这个行为甚至有人模仿，后世的英国数学家哈代给丹麦数学家玻尔的明信片上就写着："我已证明了黎曼猜想。"哈代的想法是，如果不幸遇到海难，人们会从明信片内容相信他证明了黎曼猜想。即便将来黎曼猜想被别人证出来了，也会有人认为是他首先证明了黎曼猜想。你现在在看这段文字，就表明哈代当初的策略成功了。

对费马大定理的证明刺激了十九世纪解析数论的发展和二十世纪模形式定理的证明，也不枉了众人所投入的努力，说它是只会下金蛋的鸭子估计说得过去。虽然对于一般情形没有证明，但是期间出现了许多针对特定n值的证明。费马自己就证明了$n = 4$的情形方程无解。对于$n = 4$，方程$x^4 + y^4 = z^4$进一步可以改写为$x^4 + y^4 = (z^2)^2$，而由边为整数的直角三角形的面积不可能是整数平方这一事实，可以导出$x^4 + y^4 = w^2$无(x, y)成对互质的解。或者，若假设有(x_1, y_1, z_1)是$x^4 + y^4 = z^4$的解，则一定存在一组更小的解(x_2, y_2, z_2)，这个序列可以一直继续下去。但这是不可能的，因为要求为整数，数组(x, y, z)作为解必须有最小的可能。这证明了$n = 4$时方程无解。对于$n = 4$，还有许多不同的证明，证明者包括欧拉、勒让德、勒贝格（Victor-Amédée Lebesgue，1791–1875）、克罗内克等大数学家。

29

关于$n=5$，成功证明的数学家包括欧拉、勒让德、勒贝格、狄里希利等人。勒贝格关于$n=5$和$n=7$的证明见于论文Théorèmes nouveaux sur l'équation indéterminée $x^5 + y^5 = az^5$（《关于不定方程$x^5 + y^5 = az^5$的新定理》，见 Journal de Mathématique Pures et Appliqué, 1843, 8: 49-70）和 Démonstration de l'impossibilité de résoudre l'équation $x^7 + y^7 = z^7$ en nombres entiers（《关于方程$x^7 + y^7 + z^7 = 0$不存在整数解的证明》，见 Journal de Mathématique Pures et Appliqué, 1840, 5: 276-279 & 348-349），有兴趣的读者可以找来练练手。不过，我估计不是太容易看懂。以$n=5$的解法之一为例，让我们感受一下证明的难度。假设$x^5 + y^5 = z^5$有整数解，显然可以认为$xyz \neq 0$，且 $\gcd(x, y, z) = 1$，意思是这三个数最大公因子为1，它们是互质的。当然，由于奇数的整数幂必是奇数，偶数的整数幂必是偶数，两个奇数之和与之差皆为偶数，故可以认定x，y是奇数而z是偶数。从索菲的证明我们可以假设xyz是5的倍数——法国女数学家索菲·热尔曼（Sophie Germain，1776–1831）已证明了若$n \geqslant 3$ 且 $2n+1$是素数，n必能整除xyz。若5能整除xyz，有两种可能，5能整除z和5不能整除z。若5能整除z且z还是偶数，则z一般地可表达为$z = 2^m 5^k z'$的形式。如果5不能整除z，那可以假设它整除奇数x，可令$x = 5^k x'$。从这儿出发，最终都能推导出矛盾来。由于过程太长，此处不给具体的细节了，有兴趣的读者请参考文后的建议阅读。无意深入的读者请记住，一项伟大事业的每一步可能都是艰难的。

1994年，英国数学家怀尔斯（Andrew Wiles，1953–）宣称证明了费马大定理。怀尔斯提交了两篇论文，Modular Elliptic Curves and Fermat's Last Theorem（《模形式椭圆曲线与费马大定理》）以及Ring-Theoretic Properties of Certain Hecke Algebras（《某些赫克代数的环论性质》），第二篇有一个合作者。这两篇文章1995年作为《数学年鉴》杂志的一整期发表出来，不知道几人能读懂。笔者读不懂，也就不试图介绍了。

多余的话

有读者肯定会有疑问，你既然也读不懂（实际上是没读过）怀尔斯关于费马大定理的证明，为什么要写下这个短篇？本篇并没有提供任何有趣的、有意义的证明。Let me tell you. 我写下这篇，是因为我对于那种动辄篇幅长达两三百页、满页非普通人类语言，甚至还动用计算机的数学证明，从心里不是太能够接受。或许是由面对那些数学内容而我却无力理解所带来的挫折感所致。就费马大定理这个特定问题而言，我倾向于相信它有个简洁的证明，或者说我就是希望它有个简洁的证明，那种有美感（aesthetic appeal）的证明。那些费马大定理在具体某个n的情形下成立的证明之令人毛骨悚然的复杂，不是排除存在简洁证法的理由。证明的缺失可能是因为对问题在更高层面上理解的缺失。

为了那个简洁的证明，我想一定还有数学家在努力着，而我也愿意等。

建议阅读

[1] Ian Stewart, David Tall. Algebraic Number Theory and Fermat's Last Theorem. 4th ed. CRC, 2015.

[2] Nigel Boston. The Proof of Fermat's Last Theorem (Lecture Notes 2003).

[3] Harold M. Edwards. Fermat's Last Theorem: A Genetic Introduction to Algebraic Number Theory. Springer, 2000.

30

人性的证明——波利亚
教授不是变态

科学研究说到底是人类的活动，人性从来都是贯穿
于科学研究的软因素。还有什么比人性的证明更有
价值的科学活动吗？

随机行走，图论，概率论

1. 波利亚教授的尴尬

数学上有一门学问，叫随机行走（random walk），即在网络结构的节点上，随机决定下一步要去的方向——没有导航的年代开车就用这种策略。开启这门学问研究的人是数学家波利亚（George Pólya，1887–1985）。据波利亚自己说，他想到随机行走这个问题源于一个偶然事件。那件事儿大概发生在1921年，波利亚当时在瑞士。波利亚自己的描述不长，不妨照录如下：

> 旅馆里还住着一些学生，我跟他们一起进餐，成了朋友。有一天，听说一个学生等他的未婚妻来访，我没想到他们也会到林子里去散步，让我给偶然碰到了。那天早上似乎老遇到他们。我不记得碰到了几次，反正次数多得够让我尴尬的，跟我故意在旁边打圈子偷窥他们似的。我跟你们保证，不是这样的。

波利亚教授当时中止了自己的散步，回到了家中。他回想刚才发生的事情，觉得有被年轻人误以为是偷窥狂的危险，这太尴尬了。不行，我要证明事情不是那样的。我在散步的时候采取的策略是随机行走，每到一个岔路口（cross）我都是随意选择接下来往哪儿走的。既然我还是那么频繁地遭遇了那对年轻的情侣，这说明随机行走导致碰面的概率不会小。好吧，我要证明这一点。

真正的数学家，说证明就证明，连挽袖子都顾不上。

2. 波利亚定理

波利亚很快得到了如下关于随机行走的定理："考虑 Z^d 网络（d 维的点阵格子，每个格点或顶点由 d 个整数标记）上的随机行走：如果 $d \leq 2$，行走过程会以概率100%回到出发点；如果 $d \geq 3$，行走过程会以一定的概率再也回不到出发点。"维数越多，这个一去不复返的概率越大。举例来说，如果是三维点阵格子，每一点都有六个方向供选择，一个人如果坚持随机走下去的话，其回到出发点的概率降至34%。波利亚关于随机行走的定理，向世人证明了那天早上他确实不是跟着年轻的情侣偷窥来着。二维面上的两点经过一定阶段的随机行走相遇，等价于一个点经过一定阶段的随机行走回到原点，这个过程会100%发生。波利亚教授和那对情侣是在二维面上随机行走的，只要坚持下去，总会隔一段时间就碰面的。

有了随机行走的定理，波利亚教授消除了自己的尴尬。接下来的问题是，关于随机行走的定理是怎么证明的？

随机行走问题涉及图论（graph theory）和概率论等诸多学问，实际上是考察由顶点集合 V 和边集合 E 所构成的一个联通图上的流的问题。波利亚的结论可以用流方法（method of flows）证明，研究沿着边 E 流动的一个流，对任何顶点都要求流是无源的。顺便提一下，还有个波利亚瓮（Pólya's urn）的问题。设想有个罐子里开始时有 n 个不同颜色的球，每次从罐子里随机抽取一个球，再放回去两个同种颜色的球（添进去了一个球）；不断重复上述过程。这个过程竟然可以用来证明点阵上的波利亚定理。对于不同维度下不同连接方式定义的路径，随机行走的证明很麻烦，对数学要求极高，这里就不作详细介绍了（好吧，我承认是因为我不会）。不过，还是可以讨论一下最简单的一维情形，找点儿感觉。在一维点阵路径上，一个行人随机向前、向后迈出下一步，概率各为50%。走出去n步，共有 2^n 种不同的路径。用 Z_i 表示每一步走出的距离的值，往前为1，往后为-1，则一种走法所走出去的距离 $S_n = \sum_{i=1,n} Z_i$。由统计学可知

$$< S_n > \; = \; < \sum_{i=1,n} Z_i > \; = \sum_{i=1,n} < Z_i > \; = 0$$

意思就是走出去n步后的距离平均值为0，即行走者始终在家门口来回晃荡呢。当然，如果他的方向选择有偏好，他可能就离家越来越远了。

容易看出，如果在一维点阵上一直随机地行走下去，则每一点都会被无数次地经过。这个结果的名称之一是"赌徒的破产"，具有深刻的警示意义。根据这个事实，一个拥有有限资源的赌徒和比较而言拥有几乎无限多资产的另一方，比如银行，哪怕是进行公平的对赌，也必定会输得精光。赌徒的钱相当于在进行随机行走，在某个时刻一定会变为零（先于对方变为零），而这个时候，赌局结束了。懂得这个道理的赌徒，就不会梦想以小博大了。

至于二维点阵上的随机行走，如果从一点出发又回到原点，那所走的步数必定是偶数。对于任何长度为n的一趟旅行，随机行走的方式有 2^{2n} 种，其中有些是简单的环状的，即最后一步回到了原点，这样的方式记为P_n，则随机行走回到原点的概率为

$$r = \frac{P_1}{2^{2 \times 2}} + \frac{P_2}{2^{2 \times 4}} + \frac{P_3}{2^{2 \times 6}} + \cdots$$

显然作为概率之和，$r \leqslant 1$。这个证明的一个步骤是，找出2n步长的旅行构成多少个闭圈，$P_1 = 4$，$P_2 = 20$，…可见，r的数值无限趋近于1。

多余的话

　　波利亚这样的大数学家，会习惯性地用学术眼光看待生活中遇到的琐事，并且有能力以开创新研究领域的方式对付所遭遇的问题。他是个善于思考问题、善于解决问题的人，他的系列数学著作影响了千百万喜爱数学的人。随机行走的研究，开辟了广阔的统计学领域，对数学、物理、生物学、社会学等诸学科都带来了深刻的影响。而这一切，竟肇始于一个数学教授证明自己清白的努力。

　　看来，**知道要脸，是一个学者的基本素质。**

建议阅读

[1] George Pólya. Über eine Aufgabe der Wahrscheinlichkeitsrechnung betreffend die Irrfahrt im Straßennetz（关于在街道网络上瞎晃悠的概率计算）. Mathematische Annalen, 1921, 84: 149-160.

跋　关于证明的思考点滴

咬牙写完这30篇短文，长吁一口气的时候，笔者也为在此过程中了解到了许多人物、学问、文献与轶事而感到心满意足。40年前笔者第一次在平面几何课堂上知道有证明这档子事，后来知道证明结尾的那个标志性缩写QED来自拉丁语 quod erat demonstrandum（thus it has been demonstrated），今天我想静下心来想想关于证明我知道些什么。quod erat demonstrandum的缩写QED出现在证明的末尾，我觉得该后接感叹号才对，它传达的有如释重负的感觉，也该有一份证明者气吞山河的自信。在我的心目中，QED和约翰逊（Samuel Johnson，1709-1784）的"I refute it thus（我就这样反驳）"、尼采（Friedrich Wilhelm Nietzsche，1844-1900）的"Also sprach Zarathustra"一样，都是气势磅礴的宣言。尼采的这本书，不管是英译的Thus spake Zarathustra，还是汉译的《查拉图斯特拉如是说》，都是对尼采精神与著作的阉割。尼采这本书的原题是Also sprach Zarathustra: Ein Buch für Alle und Keinen，重点在于副标题"一本写给所有人又不写给任何人的书"！把这个副标题所传达的高傲，还有一丝绝顶之上的凉意，阉割了以后，这书的译文不过就是一块软踏踏的抹桌布。QED 得以达成的过程也应该有酒神降临的痕迹。当怀尔斯历经7年辛劳证明了费马大定理时，他一定会感到如释重负。而当佩雷尔曼证明了庞加莱猜想的时候，我希望他曾重重写下过 QED！咦，正是："大道隐冥冥，却待天才出。一击磅礴神鬼泣，闻者安得不动容？"

　　证明大概是这个世界上最有需求、有时候又特别难办的事情。一个煮好了粥的小和尚，发现粥锅上面有一团掉落的灰，他怕师傅骂又舍不得糟蹋粥，于是把落灰的那些粥舀出来自己喝了。刚喝下去，师傅过来看到了，说小和尚煮粥时假公济私偷喝。小和尚如何能证明自己不是故意偷粥喝呢？他无法自证清白，他师傅的怀疑也算合理，用今天的狭义相对论来理解，我们知道他喝粥的原因在他师傅的过去光锥之外。波利亚教授散步时尴尬地路遇年轻情侣好几次，他能证明自己不是偷窥是因为他有能力发展出随机行走的数学模型，而且还得靠他的年轻朋友能看懂。人世间事的证明大体都是不能指望的，所以懂科学的人一般会放弃证明自己无辜的努力，所谓"清者自清、浊者自浊"不过是托辞或者无奈的自我安慰罢了。

　　数学证明的方式是多姿多彩的、多层面的。一般的数学证明多从一些自明的公理出发，证明就是个根据一套规则推理的过程，所以懂逻辑很有必要（逻辑是一套特殊的语言体系。logic的字面意思就是言说、论证）。这证明就是为了把认知建立在一块普适的基石上，基石动摇了，结论就完了。或者，基石动摇了，就得换一块基石，又能导出一片新天地。平行公设被放弃后，非欧几何就诞生了。从公理出发直接逻辑地推导，或者用归纳法和反证法，这些常规的证明方法是数学人的基本功。然而问题哪有那么简单呢。对有些问题，不是如何证明的问题，而是什么是关于这个问题的证明都是要思考的事情。有些问题初看很难，但一旦掌握了理解它的语言，证明会非常简单，但理解那语言却又不是很容易，比如康托集合论里的那些证明。

数学的证明可以是一段逻辑的论证，只为了消除别人的疑虑，或者让猜想得到证实。证明过程也可能对问题的理解提供新的洞见，甚至刺激新的数学思想，开拓出新的知识疆域。比如，高斯关于代数基本定理的证明，即代数方程必有复数解，就用到了复平面的拓扑性质。复数、复平面、拓扑学，都是代数方程范围之外的学问。你看，为此我们甚至要发展新的数学语言。科学的最终目标是人类思维的荣耀，有些证明的最伟大的价值就在于证明我们能够证明。证明除了有目标的不同，还有品味的差别。有些证明是令人信服的，但缺乏美感；有的证明却如同一首诗，给人带来心灵的愉悦。

物理的证明也是多姿多彩的。对于是否存在反粒子、地球是否是宇宙中心这类问题，证明过程是一目了然的事情，结果比较容易让人信服。这类证明，如同姑娘回复求爱信，要回答的是 yes or no 的问题。是就是是，没有就是没有。只要看到安德森的自宇宙线新生发的、相向偏转的一对粒子的径迹照片，或者透过伽利略的望远镜看到四颗绕着木星转悠的卫星，存在反粒子和地球不是宇宙中心的结论就由不得谁不信服。至于引力弯曲光线问题的证明，关键在于理解凭什么引力会弯曲光线，至于偏折多大的角度那倒在其次了。为了表明自己的观测结果证明了爱因斯坦的引力弯折光线计算，凭着那几张1919年拍摄的粗糙黑白照片就得出符合得很好的结果，人工的痕迹有点儿太明显。至于再后来，有人为了证明存在超光速，对着手指头数得过来的几个数据计算出 ± 系统误差 ± 偶然误差形式的结果，还附送个赌咒发誓用的置信度，那就透着一股打一开始就遮掩不住的心虚。至于再再后来有人凭借一个时序数列 $f(t)$ 反演出某种波之多少亿光年外的源头处的动力学过程，我觉得那是属于信仰领域的问题。

把反射定律、折射定律这种观测事实归于从费马原理出发可证明的结论，如同平面几何里从公理出发的证明，这公理化的图景让我们把问题上升到一个更高的层面，让光学与力学有了融合的契机。这样的证明，如同几何证明，透着一股清纯。然而在更多的物理证明过程中，人的角色带入是回避不了的现实，问题就复杂得很哲学。光子行为的探测就包含着自我设定的意象，一些光学实验是否构成光（子）性质的证明，确实难以令人信服。人谓光（子）的双缝干涉花样证明了光的波动性，却不知获得干涉条纹的过程是把光（子）当成粒子对待的。所谓的波粒二象性，是欧洲二分法哲学的简单头脑映射。光是粒子还是波，取决于有人想把它当成什么。X射线谱有两种探测模式——波长色散（wavelength dispersive）模式和能量色散（energy dispersive）模式，就是证据。想看到光的波动性就用能得到看似可用波动性诠释的现象的设备去获得一个看似可用波动性诠释的结果，想看到光的粒子性就用能得到看似可用粒子性诠释的现象的设备去获得一个看似可用粒子性诠释的结果，或者是干脆只看到支持自己结论的结果。这是物理版的循环论证——这不是物理学的错，因为人本来就在人研究的物理体系中。愚以为，对各种数学、物理的证明保持审慎的或深深的怀疑，都不为过。

成功证明一个数学或者物理问题搁在任何人身上都是了不起的成就。然而，证明首先要有值得证明的东西。找出庞加莱猜想、费马大定理之类问题的证明者，论智慧已是人中龙凤，但是比较而言，提出值得证明的问题才更见能耐，比如黎曼之于黎曼猜想，庞加莱之于庞加莱猜想。得到猜想不是靠瞎猜，而是靠在艰苦探索过程中等到的灵光一现。**思想来自实践，伟大的思想来自伟大的实践。**

本书提供了关于30个证明问题的简短介绍，素材多来自第一手资料，就是希望将少年英才们引入神奇的数学、物理世界，激起他们学习数学和物理的兴趣。作为引玉之砖，我也期盼本书能为教育者所青睐。**天若佑中华，当**

不使吾国天才失教。

感谢你肯阅读这本书。亲爱的读者，若你读到了这里，想必是读完这本书了。你读懂了很多内容，是吧？请证明！

曹 则 贤

2019年2月9日于北京

图书在版编目（CIP）数据

惊艳一击：数理史上的绝妙证明 ／ 曹则贤著. —— 北京：外语教学与研究
出版社，2019.8（2024.7重印）
　ISBN 978-7-5213-1153-2

　I. ①惊… Ⅱ. ①曹… Ⅲ. ①数学史－普及读物②物理学史－普及读物
Ⅳ. ①O-091

　中国版本图书馆 CIP 数据核字（2019）第 188412 号

出 版 人　王　芳
项目负责　章思英　姚　虹　刘晓楠
项目策划　何　铭
责任编辑　何　铭
责任校对　刘晓楠
装帧设计　李　高　梧桐影
出版发行　外语教学与研究出版社
社　　址　北京市西三环北路 19 号（100089）
网　　址　https://www.fltrp.com
印　　刷　北京捷迅佳彩印刷有限公司
开　　本　787×1092　1/16
印　　张　18
版　　次　2019 年 9 月第 1 版　2024 年 7 月第 3 次印刷
书　　号　ISBN 978-7-5213-1153-2
定　　价　69.00 元

如有图书采购需求，图书内容或印刷装订等问题，侵权、盗版书籍等线索，请拨打以下电话或关注官方服务号：
客服电话: 400 898 7008
官方服务号: 微信搜索并关注公众号"外研社官方服务号"
外研社购书网址: https://fltrp.tmall.com

物料号: 311530001